高等职业学校电类专业

机械基础（非机械类）（第二版）习题册

祝平蕾　主编

中国劳动社会保障出版社

简　介

本习题册为高等职业学校电类专业教材《机械基础（非机械类）》（第二版）的配套用书。本习题册按照教材课题顺序编写，内容紧扣教学要求，知识点分布均衡，题型丰富多样，习题难易适中，有助于学生复习巩固所学知识。

本习题册由祝平蕾主编，王希波、赵文育、潘虹、杨晓伟参加编写，吕宝国主审。

图书在版编目(CIP)数据

机械基础（非机械类）（第二版）习题册 / 祝平蕾主编. --北京：中国劳动社会保障出版社，2024.
(高等职业学校电类专业). --ISBN 978-7-5167-6795-5

Ⅰ. TH11-44

中国国家版本馆 CIP 数据核字第 2024S707Q9 号

中国劳动社会保障出版社出版发行

（北京市惠新东街 1 号　邮政编码：100029）

*

北京昌联印刷有限公司印刷装订　　新华书店经销

787 毫米×1092 毫米　16 开本　5.25 印张　121 千字

2024 年 11 月第 1 版　　2024 年 11 月第 1 次印刷

定价：12.00 元

营销中心电话：400-606-6496

出版社网址：https://www.class.com.cn

https://jg.class.com.cn

目录

模块一　常用金属材料与热处理

课题一　常用金属材料

一、填空题

1. 金属材料抵抗________的能力称为金属材料的力学性能。

2. 金属材料的力学性能一般包括________、________、________、__________和__________等。

3. 在外力作用下，金属材料抵抗__________或________的能力称为强度。

4. 金属材料抵抗____________而不破坏的能力称为冲击韧度。

5. 各力学性能指标的符号分别如下：屈服强度________，抗拉强度________，断后伸长率________，断面收缩率________，洛氏硬度（C 标尺）________，冲击韧度________，疲劳极限________。

6. 非合金钢按用途不同可以分为__________钢和__________钢两类。

7. 合金钢是在________的基础上，为改善钢的性能，在冶炼时有目的地加入一种或几种__________的钢。

8. 根据铸铁中碳的存在形式不同，铸铁可分为________、________和________三类。

二、判断题

1. 弹性变形能随外力的去除而消失。（　　）

2. 金属材料的 A 和 Z 值越大，表示其塑性越差。（　　）

3. 材料硬度越高，耐磨性越好，更硬物体压入其表面的压痕也就越小。（　　）

4. 机械制造中常用的金属材料一般都是合金。（　　）

5. 碳钢和铸铁都是铁碳合金。（　　）

6. 40Cr 是常用的合金结构钢。（　　）

7. 铸铁的种类是按铸铁中碳的存在形式不同划分的。（　　）

8. 可锻铸铁因能锻造而得名。（　　）

9. 除黑色金属以外的其他金属称为有色金属。（　　）

三、选择题

1. 下列选项中表示布氏硬度的符号为（　　）。

A. HBW　　B. HRC　　C. HV

2. 中碳钢的含碳量为（　　）。

A. 小于0.25%　　B. 0.25%~0.60%　　C. 大于0.60%

3. 08F属于（　　）。

A. 镇静钢　　B. 沸腾钢　　C. 半镇静钢

4. T10属于（　　）。

A. 普通钢　　B. 优质钢　　C. 碳素工具钢

5. W18Cr4V是高速钢，它属于（　　）。

A. 合金结构钢　　B. 合金工具钢　　C. 特殊性能钢

6. 下列材料中属于普通碳素结构钢的是（　　）；属于优质碳素结构钢的是（　　）；属于可锻铸铁的是（　　）；属于球墨铸铁的是（　　）；属于蠕墨铸铁的是（　　）；属于黄铜的是（　　）；属于碳素工具钢的是（　　）；属于灰铸铁的是（　　）；属于青铜的是（　　）；属于铸造铝合金的是（　　）。

A. T10　　B. 20　　C. H68　　D. RuT340

E. QSn4-3　　F. ZL105　　G. Q235　　H. HT200

I. QT450-10　　J. KTH300-6

7. 为下列零件（或工具）选择材料牌号：

（1）重要齿轮和连杆（　　）；（2）螺栓和螺母（　　）；（3）锉刀（　　）；（4）高速钻头（　　）；（5）蜗轮（　　）。

A. Q235A　　B. 40Cr　　C. T12A　　D. W18Cr4V

E. QAl9-4

四、名词解释

1. 硬度

2. 疲劳强度

3. 合金

4. 黄铜

五、简答题

1. 什么是塑性？常用的塑性指标有哪些？各用什么符号表示？

2. 什么是非合金钢？试列举 1~2 种非合金钢的常用牌号，并简述其特点和应用。

3. 铜合金、铝合金可分为哪几类？

4. 解释下表中各牌号的含义。

序号	牌号	含义
1	Q235AF	
2	65Mn	
3	T12A	
4	9SiCr	
5	HT150	
6	H90	

课题二　钢的热处理

一、填空题

1. 钢的热处理是通过钢在固态下____________、____________和____________，以改变其____________，从而获得所需________的工艺。

2. 钢的热处理工艺有________、________、________、________、____________和____________等。

3. 常用的退火方法有____________、____________和______________三种。

4. 常用的回火方法有____________、____________和____________三种。

5. 常用的化学热处理方法有____________、____________和____________等。

二、判断题

1. 钢经过热处理，能显著提高其力学性能。　(　　)

2. 淬火是强化钢的最重要的热处理方法。　(　　)

3. 钢淬火后一般很少直接使用，都要进行回火。　(　　)

4. 钢的正火比钢的退火冷却速度慢。　(　　)

5. 化学热处理是通过改变钢表层的化学成分和组织来改善其表面性能的。 （ ）

三、选择题

1. 将钢加热到适当温度，保温一定时间后缓慢冷却的热处理工艺称为（ ）。

A. 退火　　B. 正火　　C. 淬火

2. 对于低、中碳钢和低碳合金钢，为获得合适的硬度，改善切削加工性，应采用的热处理方法是（ ）。

A. 退火　　B. 正火　　C. 回火

3. 调质就是（ ）。

A. 淬火+低温退火　　B. 淬火+中温退火　　C. 淬火+高温退火

4. 普通热处理不包括（ ）。

A. 渗碳　　B. 正火　　C. 回火

四、简答题

1. 钢的热处理工艺一般包括哪几个阶段？试画出其工艺曲线。

2. 完全退火、球化退火和去应力退火的主要用途分别是什么？

3. 什么是钢的回火？它分为哪几类？各用于什么场合？

4. 什么是钢的表面淬火？其用途是什么？

5. 什么是钢的化学热处理？其用途是什么？

模块二 常用机构

课题一 铰链四杆机构

一、填空题

1. 构件间以四个转动副相连的平面四杆机构称为____________，它有____________机构、____________机构和____________机构三种基本类型。

2. 平行双曲柄机构的运动特点是两曲柄的____________相同，____________相等。

3. 铰链四杆机构处于死点位置时，该机构的__________与__________处于共线状态。

4. 在下图所示的铰链四杆机构中，杆长分别为 $a=200$ mm，$b=400$ mm，$c=300$ mm，$d=400$ mm。若取杆 a 为机架，可得__________机构；若取杆 b 为机架，可得__________机构；若取杆 c 为机架，可得__________机构。

5. 曲柄滑块机构是由____________机构演化而来的。

6. 根据运动副中两构件的接触形式不同，运动副可分为________和________。

二、判断题

1. 在曲柄长度不相等的双曲柄机构中，主动曲柄做等速旋转运动，从动曲柄做变速旋转运动。 (　　)

2. 铰链四杆机构中的最短杆就是曲柄。 (　　)

3. 在铰链四杆机构中，当最长杆与最短杆之和大于其余两杆之和时，无论以哪一杆为机架都得到双摇杆机构。 (　　)

4. 用于控制雷达俯仰角度的机构采用了双摇杆机构。 (　　)

5. 在曲柄摇杆机构中，曲柄和连杆共线的位置就是死点位置。 (　　)

6. 低副是指两构件以面接触的运动副。 (　　)

7. 铰链四杆机构都有连杆和机架。（　　）

8. 在铰链四杆机构中，以最短杆为固定机架就能得到双曲柄机构。（　　）

三、选择题

1. 汽车雨刮采用的是（　　）机构。

A. 双曲柄　　B. 曲柄摇杆　　C. 双摇杆

2. 在铰链四杆机构中不与机架直接接触的是（　　）。

A. 摇杆　　B. 连杆　　C. 曲柄

3. 机械设备常利用（　　）的惯性通过机构的死点位置。

A. 主动件　　B. 从动件　　C. 主动件和从动件

4. 在铰链四杆机构 *ABCD* 中，如果以 *BC* 为机架（固定件），当机构为双曲柄机构时，各杆的长度可能为（　　）。

A. $AB=130$ mm，$BC=150$ mm，$CD=175$ mm，$AD=200$ mm

B. $AB=150$ mm，$BC=130$ mm，$CD=165$ mm，$AD=200$ mm

C. $AB=175$ mm，$BC=130$ mm，$CD=185$ mm，$AD=200$ mm

D. $AB=200$ mm，$BC=150$ mm，$CD=165$ mm，$AD=130$ mm

5. 能把直线往复运动转变为旋转运动的是（　　）机构。

A. 曲柄滑块　　B. 曲柄摇杆　　C. 双曲柄

6. 在铰链四杆机构中，能做整周转动的连架杆称为（　　），不能做整周转动的连架杆称为（　　）。

A. 摇杆　　B. 连杆　　C. 曲柄

7. 牛头刨床加工工件时的主切削运动是通过（　　）机构实现的。

A. 曲柄滑块　　B. 导杆　　C. 曲柄摇杆

8. 双摇杆机构的两连架杆（　　）。

A. 能做整周转动　　B. 能做往复摆动　　C. 固定不动

9. 内燃机的曲轴连杆机构实际上是一个（　　）机构。

A. 曲柄摇杆　　B. 双曲柄　　C. 曲柄滑块

10. 右图所示的筛子应用的是（　　）机构。

A. 曲柄摇杆

B. 双曲柄

C. 双摇杆

11. 下列选项中属于双曲柄机构的是（　　）。

A.

B.

C.

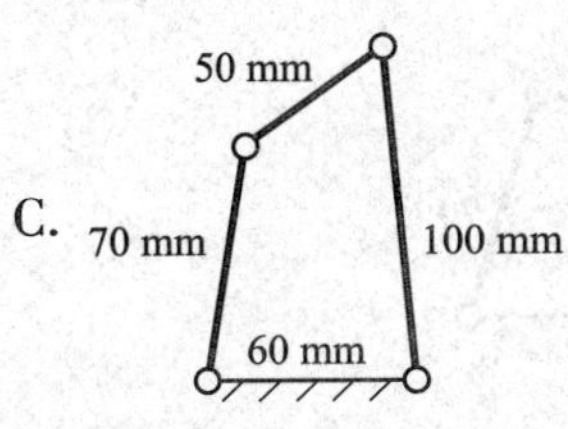

D.

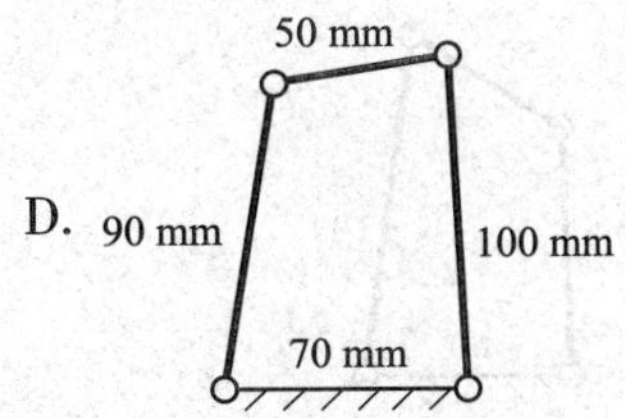

四、简答题

1. 铰链四杆机构三种基本形式的形成条件是什么？

2. 什么是高副？高副有什么特点？

3. 根据下图中注明的尺寸（单位：mm）判断各铰链四杆机构的类型。

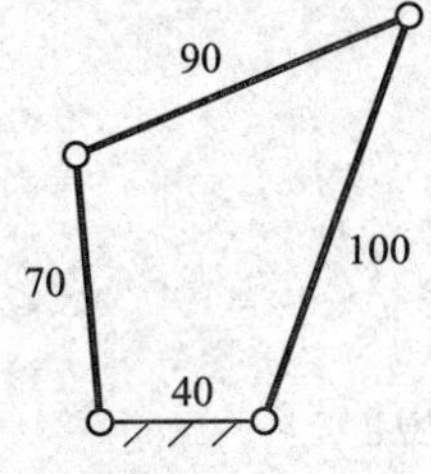

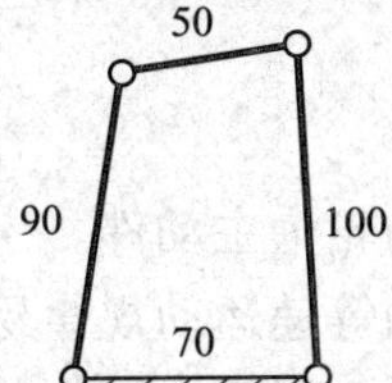

（1）______________机构　　（2）______________机构

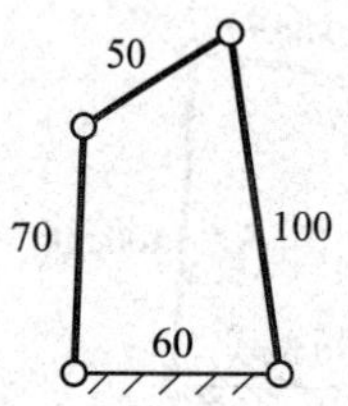

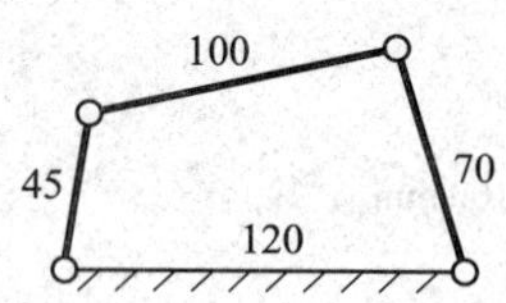

（3）____________机构　　　　（4）____________机构

4. 下图所示的铰链四杆机构中，$AB = 700$ mm，$BC = 350$ mm，$CD = 550$ mm，$AD = 200$ mm，若分别以 AB、BC、AD 杆作为机架，可得到哪些形式的机构？

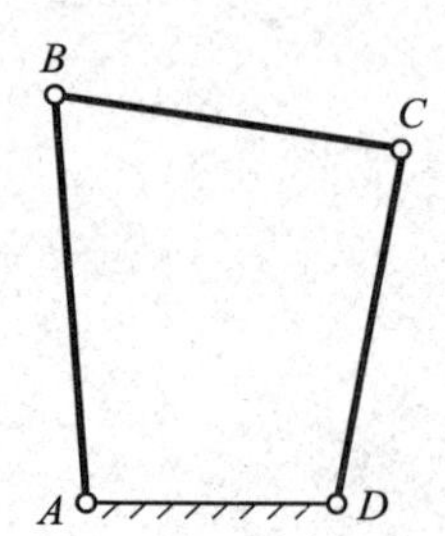

课题二　凸轮机构

一、填空题

1. 凸轮机构一般由________、________和机架三个基本构件组成。

2. 凸轮机构的基本特点在于能使__________获得_____________的运动规律。

3. 凸轮机构按凸轮形状不同可分为__________凸轮机构、__________凸轮机构、__________凸轮机构和_______________凸轮机构。

4. 凸轮机构从动件的端部形状主要有__________、__________、__________和__________等。

5. 凸轮机构等速运动的位移曲线为____________。

二、判断题

1. 在凸轮机构中，凸轮为主动件。（　　）

2. 凸轮机构从动件的等速运动规律易产生柔性冲击。（　　）

3. 凸轮机构动作准确、可靠，但容易磨损，使用寿命较短。（　　）

4. 凸轮机构工作时，其凸轮轮廓与从动件之间必须始终保持良好的接触，否则就不能正常工作。（　　）

5. 凸轮机构属于高副机构。 （　　）

6. 凸轮与从动件的接触面积小，接触处压力大，易磨损，因而不能承受很大的载荷。 （　　）

三、选择题

1. 凸轮机构从动件的运动规律取决于（　　）。
   A. 凸轮轮廓曲线
   B. 滚子半径
   C. 转速
2. 按等速运动规律工作的凸轮机构（　　）。
   A. 会产生“惯性冲击”
   B. 冲击较小
   C. 适用于做高速转动的场合
3. 采用（　　）从动件的凸轮机构传动磨损较小，可传递较大的动力。
   A. 尖顶式　　B. 滚子式　　C. 平底式
4. 在凸轮机构中，主动件通常做（　　）。
   A. 等速转动或移动
   B. 变速运动
   C. 变速移动
5. 等速运动规律一般只适用于（　　）的场合。
   A. 从动件质量大
   B. 低速或从动件质量较小
   C. 中、高速
6. 下图所示的机械传动装置中，典型机构有（　　）。

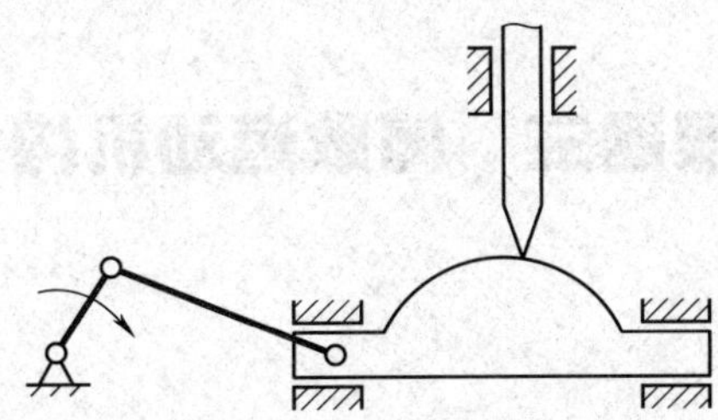

   A. 尖底盘形凸轮机构
   B. 平底移动凸轮机构
   C. 尖底移动凸轮机构
7. 内燃机的配气机构采用了（　　）机构。
   A. 凸轮
   B. 齿轮
   C. 铰链四杆

四、简答题

1. 简述凸轮机构的优缺点。

2. 凸轮机构中从动件常见的运动规律有哪些？分别适用于哪些场合？

课题三　间歇运动机构

一、填空题

1. 棘轮机构通常由__________、__________和__________等组成。

2. 棘轮机构按照工作原理不同可分为____________________和____________________两种。

3. 将主动件的__________运动转换成从动件有规律的______________的机构称为__________机构。

4. 单圆销外接槽轮机构的运动特点是主动杆匀速转动__________，槽轮间歇地转动____________。

二、判断题

1. 棘轮机构中的棘轮是主动件。（　　）

2. 棘轮机构可以实现间歇运动。（　　）

3. 槽轮可以用于高速场合。（　　）

4. 槽轮机构中槽轮转角的调节非常方便。（　　）

5. 外接槽轮机构中槽轮的转向与主动拨盘转向相反，内接槽轮机构中槽轮的转向与主动拨盘转向相同。（　　）

6. 凸轮机构可以作为间歇运动机构。（　　）

三、选择题

1. 双动式棘轮机构有（　　）个驱动棘爪。

A. 1　　B. 2　　C. 4

2. 当需要无级调节棘轮的转角时，应采用（　　）棘轮机构。

A. 摩擦式　　B. 齿式　　C. 内啮合式

3. 自行车后轴上安装的飞轮机构为（　　）机构。

A. 外啮合齿式棘轮　　B. 内啮合齿式棘轮　　C. 不完全齿轮

4. 在双圆销外接槽轮机构中，曲柄每旋转一周，槽轮转动（　　）次。

A. 1　　B. 2　　C. 4

5. 在双圆销外接槽轮机构中，曲柄每旋转一周，槽轮转过（　　）。

A. 90°　　B. 180°　　C. 45°

6. 放映机卷片机构采用（　　）。

A. 外啮合式棘轮机构

B. 内啮合式棘轮机构

C. 槽轮机构

四、简答题

1. 常用的棘轮机构有哪些类型？

2. 简述棘轮机构的特点。

3. 简述槽轮机构的优缺点。

模块三　常用机械传动

课题一　带传动

一、填空题

1. 带传动装置是由＿＿＿＿＿＿、＿＿＿＿＿＿和张紧在两带轮上的环形带组成的，工作中依靠带与带轮接触面间的＿＿＿＿＿＿＿＿实现运动和动力的传递。

2. 传动比是指＿＿＿＿＿＿＿＿与＿＿＿＿＿＿＿＿之比。

3. 摩擦型带传动的类型有＿＿＿＿＿、＿＿＿＿＿和＿＿＿＿＿三种。

4. V 带的横截面形状为＿＿＿＿＿＿，＿＿＿＿＿＿面为工作面。

5. 带传动常见的张紧方法有＿＿＿＿＿＿＿＿＿和＿＿＿＿＿＿＿＿＿。

6. 普通 V 带的楔角 α 为＿＿＿，相对高度（T/W_p）为＿＿＿。

7. 安装 V 带轮时，两带轮的轴线应＿＿＿＿＿＿＿＿＿，两带轮轮槽的对称平面应＿＿＿＿＿。

二、判断题

1. 带传动属于摩擦传动。（　　）

2. 普通 V 带有七种型号，其中 E 型 V 带传递功率的能力最小，Y 型 V 带最大。（　　）

3. V 带是利用带的底面与带轮之间的摩擦力传递运动和动力的。（　　）

4. 带传动中的包角通常指小带轮的包角。（　　）

5. V 带传动装置必须安装防护罩。（　　）

6. 一组使用中的 V 带，若坏了一根，必须成组更换。（　　）

7. V 带传动使用张紧轮的目的是增大小带轮上的包角影响，从而增大张紧力。（　　）

8. 同步带是依靠带和带轮之间的啮合传递运动和动力的。（　　）

9. V 带传动时，两轮的转向相同。（　　）

10. V 带传动不能用于两轴线空间交错的传动场合。（　　）

11. 限制普通 V 带传动中带轮最小基准直径的主要目的是减小传动时 V 带的弯曲应力，以延长 V 带的使用寿命。（　　）

三、选择题

1. 下列带传动中属于啮合传动的是（　　）。

A. V 带传动　　B. 平带传动　　C. 同步带传动

2. 带传动具有（　　）的特点。

A. 传动比不准确

B. 瞬时传动比准确

C. 平均传动比准确

3. 在中等中心距下，普通 V 带的张紧程度以用拇指能将带按下（　　）mm 为宜。

A. 5　　B. 10　　C. 15

4. 在普通 V 带传动中，V 带的楔角是（　　）。

A. 38°　　B. 40°　　C. 45°

5. 对于 V 带传动，一般要求小带轮上的包角不得小于（　　）。

A. 100°　　B. 120°　　C. 130°

6. 带传动适用于两传动轴的中心距（　　）的场合。

A. 很小　　B. 较小　　C. 较大

7. 下列各图所示的 V 带在带轮轮槽中位置正确的是（　　）。

A.

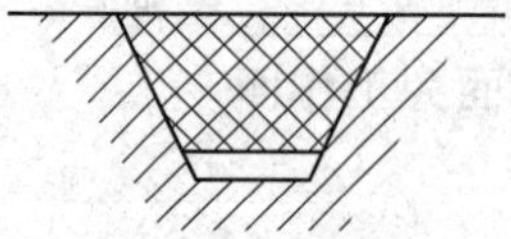

B.

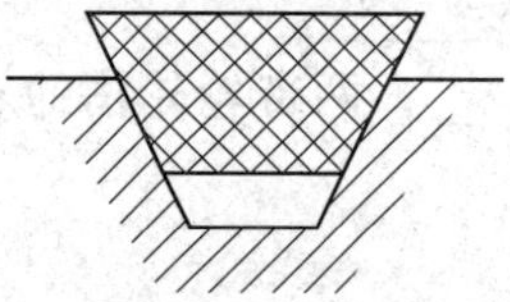

C.

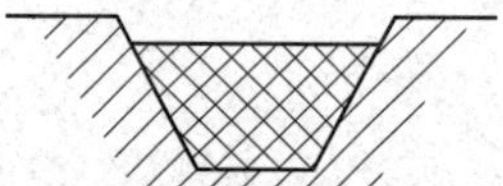

8. 在中心距不变的情况下，两带轮直径差越大，小带轮的包角（　　）。

A. 越大　　B. 越小　　C. 不变

9. 下列各图所示的 V 带传动中，属于正确使用张紧轮的是（　　）。

A.

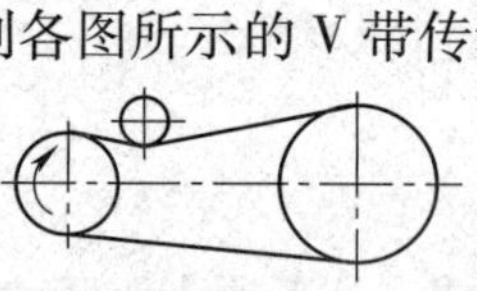

B.

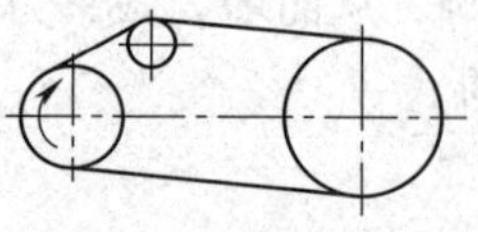

C.

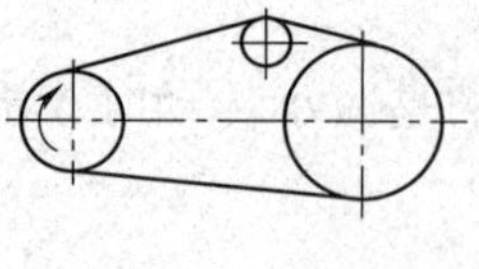

四、名词解释

1. 传动比

2. V 带的包角

3. V 带的楔角

4. V 带的节宽

5. V 带的相对高度

6. V 带的基准长度

五、简答题

1. 解释 V 带标记 B2500　GB/T 1171 的含义。

2. 为什么带传动要有张紧装置？张紧装置有哪两类？

3. 普通 V 带传动的使用及维护有哪些注意事项？

六、计算题

某 B 型普通 V 带传动中，主动带轮的基准直径 $d_{d1}=120$ mm，从动带轮的基准直径 $d_{d2}=300$ mm，设计中心距 $C=800$ mm，求传动比 i 和 V 带的基准长度 L'_d，并验算小带轮的包角 θ_1。

课题二　螺纹连接

一、填空题

1. 按旋向不同，螺纹可分为________螺纹和________螺纹。
2. 按螺旋线的线数不同，螺纹可分为________螺纹和________螺纹。
3. 按用途不同，螺纹一般可分为__________螺纹和________螺纹。
4. 按照螺纹的牙型不同，常用的螺纹分为___________螺纹、_____________螺纹、___________螺纹和__________螺纹等。
5. 在螺纹牙型上相邻两牙侧间的夹角称为____________。
6. 螺纹标记 M24×1.5-5g6g-S-LH 表示螺纹的牙型角为__________，公称直径为________，螺距为________，旋向为________，旋合长度为______________。
7. 常用的螺纹连接有____________连接、____________连接、______________连接和____________连接等基本类型。

二、判断题

1. 普通螺纹的标准牙型角为 60°。（　　）

2. 导程是指相邻两牙在中径线上对应两点间的轴向距离。 ( )

3. 普通螺钉连接常用于被连接零件之一较厚、受力不大且不经常拆卸的场合。 ( )

4. 普通螺纹有粗牙螺纹和细牙螺纹之分。 ( )

5. M6-7H 是内螺纹的标记。 ( )

6. 普通螺纹的左旋螺纹不标注旋向代号，右旋螺纹在旋合长度代号后标注“LH”。 ( )

7. 管螺纹标记 Rp3/4 表示尺寸代号为 3/4 的右旋圆柱内螺纹。 ( )

8. 螺栓连接和双头螺柱连接都用于两被连接件上均为通孔的场合。 ( )

三、选择题

1. 普通螺纹的公称直径是指（ ）。

   A. 螺纹小径　　B. 螺纹中径　　C. 螺纹大径

2. 单向受力的螺旋传动机构中广泛采用（ ）。

   A. 三角形螺纹　　B. 矩形螺纹　　C. 锯齿形螺纹

3. 广泛应用于紧固连接的螺纹是（ ），而传动螺纹常用（ ）。

   A. 三角形螺纹　　B. 矩形螺纹　　C. 梯形螺纹

4. 在管螺纹中，与圆柱内螺纹配合的圆锥外螺纹的特征代号是（ ）。

   A. R_1　　B. Rc　　C. Rp

5. 双线螺纹的导程等于螺距的（ ）。

   A. 2 倍　　B. 1 倍　　C. 一半

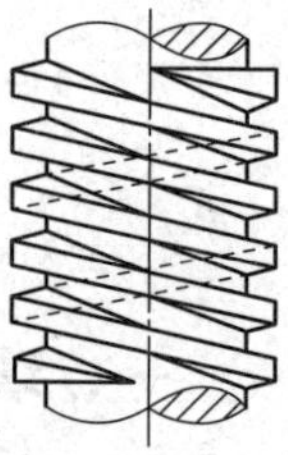

6. 右图所示的螺纹为（ ）螺纹。

   A. 双线左旋　　B. 双线右旋　　C. 三线左旋

7. （ ）连接主要用于两被连接件上均为通孔且有足够的装配空间的场合。

   A. 螺钉　　B. 螺栓　　C. 双头螺柱

8. 下列各标记中表示细牙普通螺纹的是（ ）。

   A. M20　　B. M36×2　　C. $R_1$3

四、名词解释

1. 螺距

2. 螺纹中径

3. 螺纹升角

4. 导程

五、简答题

1. 解释 M20×2-6H/6g7g 的含义。

2. 解释 Tr24×14P7-8H-LH 的含义。

3. 怎样判别螺纹的旋向？

4. 普通螺纹的主要参数有哪些？其定义分别是什么？

课题三　螺旋传动

一、填空题

1. 螺旋传动是利用___________传递_________和_________的机械传动方式。

2. 螺旋传动具有__________、__________________、__________、____________、________________________等优点，因此广泛应用于各种机械和仪器中。

3. 螺旋传动的应用形式有________螺旋传动、________螺旋传动和____________螺旋传动等。

4. 普通螺旋传动的形式可以分为________螺旋传动和________螺旋传动两类。

5. 双动螺旋传动有两种运动形式，一种是__________原位旋转，__________做直线运动；另一种是__________原位旋转，__________做直线运动。

6. 桌虎钳底座夹紧装置采用________固定不动，________旋转并做直线运动的运动形式。

二、判断题

1. 在普通螺旋传动中，从动件的运动（移动）方向与螺纹的旋转方向有关，但与螺纹的旋向无关。（　　）

2. 在普通螺旋传动中，螺杆（或螺母）的移动距离与螺纹的螺距有关，而与螺纹的线数无关。（　　）

3. 差动螺旋传动可以产生极小的位移，可方便地实现微量调节。（　　）

4. 滚珠螺旋传动把滑动摩擦变成了滚动摩擦，适用于传动精度要求较高的场合。（　　）

5. 在普通螺旋传动中，左旋螺纹用左手判断，右旋螺纹用右手判断。（　　）

三、选择题

1. 在普通螺旋传动中，与从动件做直线运动的方向无关的因素是（　　）。

A. 螺纹的旋向　　B. 螺纹的旋转方向　　C. 螺纹的导程

2. 下列选项中不属于滑动摩擦螺旋传动的是（　　）。

A. 普通螺旋传动　　B. 差动螺旋传动　　C. 滚珠螺旋传动

3. 某螺旋传动装置中，螺杆为双线螺纹，导程为 12 mm，当螺母转两圈后，螺杆的位移量为（　　）mm。

A. 12　　B. 24　　C. 48

4.（　　）常用于测微器、计算机、分度机及诸多精密切削机床、仪器和工具中。

A. 普通螺旋传动　　B. 滚珠螺旋传动　　C. 差动螺旋传动

5.（　　）具有传动效率高、传动精度高、摩擦损失小、使用寿命长等优点。

A. 普通螺旋传动　　B. 滚珠螺旋传动　　C. 差动螺旋传动

6. 在普通螺旋传动中，螺杆相对螺母每回转一圈，螺杆（或螺母）移动一个（　　）的距离。

A. 公称直径　　B. 螺距　　C. 导程

7. 螺旋千斤顶采用了（　　）的传动形式。

A. 螺母固定不动，螺杆回转并做直线运动

B. 螺杆固定不动，螺母回转并做直线运动

C. 螺杆原位回转，螺母做直线运动

四、名词解释

1. 普通螺旋传动

2. 差动螺旋传动

五、简答题

1. 简述螺旋传动的优点。

2. 判断普通螺旋传动的运动方向有哪些方法？

六、计算题

1. 有一普通螺旋传动，以双线螺杆驱动螺母做直线运动。已知螺距 $P=3$ mm，转速 $n=45$ r/min。求螺母在 2 min 内移动的距离 L。

2. 在下图所示的台虎钳中，螺杆为单线右旋螺纹，螺距 $P=5$ mm，当螺杆旋转两圈时，活动钳口移动的距离是多少？在图中标出活动钳口的移动方向。

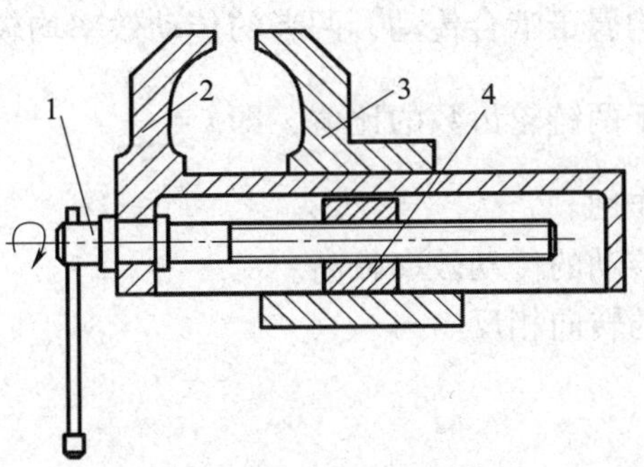

1—螺杆　2—活动钳口　3—固定钳口　4—螺母

课题四　链传动

一、填空题

1. 链传动由__________、___________和___________组成。

2. 按用途不同，链可以分为__________、___________和__________三类。

3. 在机械传动中，常用的传动链是________，它由________、________、________、________和________组成。

4. 滚子链链条相邻两销轴中心线之间的距离称为_______，用符号______表示。

5. 滚子链的标记 20A-2 表示链号为__________的__________排链。

6. 链传动的__________传动比是变化的，因此不宜用于要求__________传动的机械上。

二、判断题

1. 链传动与齿轮传动均属于啮合传动，两者的传动效率均较高。 (　　)
2. 链传动的传动比等于两链轮齿数的比值，即 $i=\frac{z_2}{z_1}$。 (　　)
3. 链传动有过载保护作用。 (　　)
4. 与带传动相比，链传动的传动效率较高。 (　　)
5. 链传动时，两链轮的转向相反。 (　　)

三、选择题

1. 下列选项中不能保证精确的平均传动比的是（　　）。
   A. V 带传动　　B. 同步带传动　　C. 链传动
2. 一般链传动的传动比不大于（　　）。
   A. 6　　B. 8　　C. 10
3. 与带传动相比，链传动的主要特点之一是（　　）。
   A. 制造成本低　　B. 有过载保护　　C. 无打滑现象
4. 要求传动平稳性好、传动速度快、噪声较小时，宜选用（　　）。
   A. 滚子链　　B. 多排链　　C. 齿形链
5. 套筒与内链板之间采用的是（　　）配合。
   A. 间隙　　B. 过渡　　C. 过盈
6. 高速、大功率场合下应选用（　　）。
   A. 大节距的单排链
   B. 小节距的双排链或多排链
   C. 小节距的单排链

四、简答题

1. 与带传动相比，链传动的优点是什么？

2. 链传动的缺点是什么？

五、计算题

有一链传动，已知主动链轮的齿数 $z_1=20$，从动链轮的齿数 $z_2=50$，求其传动比 i。若主动链轮的转速 $n_1=800$ r/min，求从动链轮的转速 n_2。

课题五 直齿圆柱齿轮传动

一、填空题

1. 齿轮传动是通过__________和__________组成齿轮副传递________和________的一种机械传动。

2. 直齿圆柱齿轮的基本参数有__________、__________、__________、__________、_______________等，它们是计算齿轮各部分几何尺寸的________。

3. 对于渐开线齿轮，通常所说的压力角是指________上的压力角，该压力角已标准化，规定用代号________表示，且等于________。

4. 标准直齿圆柱齿轮的正确啮合条件是______________________________；____。

5. 两外齿轮组成的齿轮传动称为____________齿轮传动，一个内齿轮和一个外齿轮组成的齿轮传动称为____________齿轮传动。

二、判断题

1. 齿轮传动平稳是因为齿轮传动能保证瞬时传动比恒定。（　　）
2. 标准直齿圆柱齿轮的端面齿厚 s 与端面齿槽宽 e 不相等。（　　）
3. 模数 m 越大，轮齿越大，齿轮的承载能力越大。（　　）
4. 齿轮的传动比等于两齿轮齿数之比。（　　）
5. 标准直齿圆柱齿轮的齿顶高系数 $h_a^* = 1$。（　　）
6. 齿轮传动与链传动均属于啮合传动，两者的传动效率均较高。（　　）
7. 不同模数的标准渐开线齿轮，其分度圆上的压力角不同。（　　）

三、选择题

1. 齿轮传动的特点是（　　）。
   A. 传递功率和速度范围大
   B. 制造和安装精度要求不高
   C. 能实现无级变速
2. 形成齿轮渐开线的圆是（　　）。
   A. 分度圆　　B. 齿顶圆　　C. 基圆
3. 渐开线齿轮就是以（　　）作为齿廓的齿轮。
   A. 同一基圆上产生的两条反向渐开线
   B. 任意两条反向渐开线
   C. 两个半径不同的基圆上产生的两条反向渐开线
4. 轮齿的齿根高（　　）齿顶高。
   A. 大于　　B. 小于　　C. 等于
5. 渐开线齿轮的模数 m 与齿距 p 的关系为（　　）。
   A. $pm=\pi$　　B. $m=\pi p$　　C. $p=\pi m$
6. 有一标准直齿圆柱齿轮，模数 $m=4$ mm，齿数 $z=36$，则它的齿高为（　　）mm。
   A. 4　　B. 9　　C. 10
7. 一对外啮合的标准直齿圆柱齿轮，中心距 $a=160$ mm，齿距 $p=12.56$ mm，传动比 $i=3$，则两齿轮的齿数和为（　　）。
   A. 60　　B. 80　　C. 100
8. 标准直齿圆柱齿轮分度圆上的齿厚（　　）齿槽宽。
   A. 大于　　B. 小于　　C. 等于
9. 对于模数相同的齿轮，如果齿数增加，齿轮轮齿的几何尺寸（　　）。
   A. 增大　　B. 减小　　C. 不变

四、名词解释

1. 模数

2. 压力角 α

五、简答题

1. 标准直齿圆柱齿轮的基本参数有哪些？试简述各基本参数的含义。

2. 简述齿轮传动的优缺点。

六、计算题

1. 已知相啮合的一对标准直齿圆柱齿轮中，$z_1=20$，$z_2=50$，$a=140$ mm，计算这对齿轮的分度圆直径 d、齿顶圆直径 d_a、齿根圆直径 d_f、齿顶高 h_a、齿根高 h_f、齿高 h、齿距 p、齿厚 s 和齿槽宽 e。

2. 某企业搞技术革新时需要一对传动比 $i=3$ 的标准直齿圆柱齿轮。现从备件库中找到两个压力角 $\alpha=20°$ 的标准直齿圆柱齿轮，经测量，齿数 $z_1=20$，$z_2=60$，齿顶圆直径 $d_{a1}=66$ mm，$d_{a2}=186$ mm。这两个齿轮能否配对使用？为什么？

课题六　其他常用齿轮传动

一、填空题

1. 斜齿圆柱齿轮的螺旋方向分为__________和__________。

2. 斜齿圆柱齿轮的几何参数有__________参数和__________参数两组。通常规定________参数为标准值。

3. 齿轮齿条传动的主要目的是将齿轮的__________运动转变为齿条的__________运动。

4. 直齿圆锥齿轮的正确啮合条件是____；____________________________。

5. 齿轮轮齿的失效形式有____________、__________、__________、__________和__________________等。

二、判断题

1. 一对相互啮合的斜齿圆柱齿轮用于平行轴传动时，两轮的螺旋角应相等，旋向应相同。（ ）
2. 斜齿圆柱齿轮齿面和直齿圆柱齿轮齿面的形成原理完全不同。（ ）
3. 斜齿圆柱齿轮传动适用于高速、重载的场合。（ ）
4. 直齿圆锥齿轮用于相交轴齿轮传动，两轴的交角通常是 90°。（ ）
5. 直齿圆锥齿轮的小端模数采用标准模数。（ ）
6. 齿轮发生齿面点蚀后，传动会不平稳，并产生噪声。（ ）

三、选择题

1. 斜齿圆柱齿轮传动、人字齿圆柱齿轮传动属于（ ）齿轮传动。
   A. 平行两轴间
   B. 相交两轴间
   C. 交叉两轴间
2. 右图所示为（ ）圆柱齿轮。
   A. 左旋斜齿
   B. 右旋斜齿
   C. 直齿 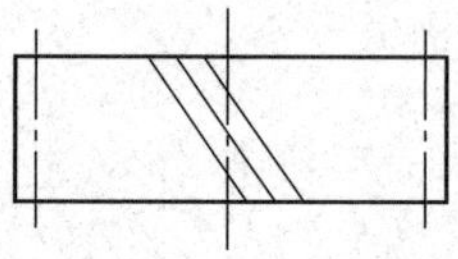
3. 斜齿圆柱齿轮传动的特点是（ ）。
   A. 能用作变速滑移齿轮
   B. 传动平稳性差
   C. 传动中产生轴向力
4. 斜齿圆柱齿轮传动时，其轮齿啮合线（ ）。
   A. 保持不变
   B. 先由短变长，再由长变短
   C. 先由长变短，再由短变长
5. 下列各齿轮传动中不会产生轴向力的是（ ）齿轮传动。
   A. 直齿圆柱
   B. 斜齿圆柱
   C. 直齿圆锥
6. 能保持瞬时传动比恒定的传动是（ ）传动。
   A. 带
   B. 链
   C. 齿轮
7. 在（ ）齿轮传动中，容易发生齿面磨损。
   A. 开式　　B. 闭式　　C. 开式和闭式

8. 下图所示的齿轮副中，齿轮 1 为（　　）圆柱齿轮，齿轮 2 为（　　）圆柱齿轮。

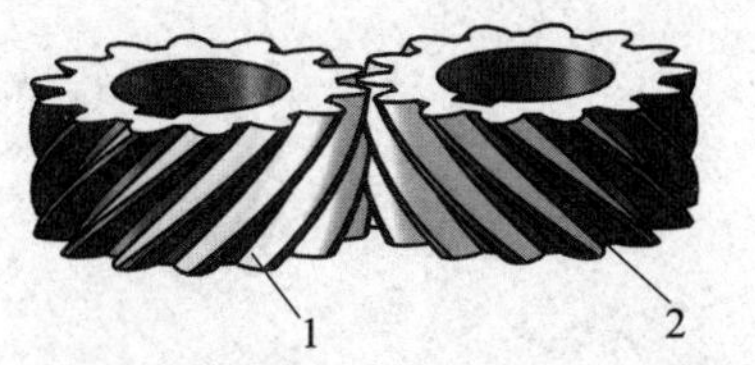

A. 左旋斜齿　　　B. 右旋斜齿　　　C. 直齿

四、简答题

1. 与直齿圆柱齿轮传动相比，斜齿圆柱齿轮传动有哪些特点？

2. 简述直齿圆锥齿轮传动和齿轮齿条传动的传动方式。

3. 简述斜齿圆柱齿轮的正确啮合条件。

课题七　蜗杆传动

一、填空题

1. 蜗杆传动由__________和__________组成，它是用于传递________之间运动和动力的装置。通常两轴间的交错角等于__________。

2. 在通常情况下，蜗杆传动中的________做主动件，________做从动件。

3. 根据蜗杆形状的不同，蜗杆传动可分为________蜗杆传动、________蜗杆传动和________蜗杆传动。

4. 根据蜗杆轮齿的螺旋方向不同，蜗杆有________和________之分。一般常用的是__________蜗杆。

5. 蜗轮的结构有________、____________、____________和________________等形式。

二、判断题

1. 在蜗杆传动中，主动件一般是蜗杆，从动件一般是蜗轮。　（　　）

2. 蜗杆传动可以获得很大的传动比。　（　　）

3. 蜗轮和蜗杆常用青铜等减摩材料制造。　（　　）

4. 蜗杆传动中，蜗轮的旋转方向只与蜗杆轮齿的旋向有关，与蜗杆的旋转方向无关。　（　　）

5. 一般推荐选用的蜗杆头数为1~4。　（　　）

6. 一对相互啮合的蜗杆与蜗轮，其旋向应相反。　（　　）

三、选择题

1. 蜗杆传动的特点是（　　）。

　A. 传动比大，结构紧凑

　B. 承载能力小

　C. 传动平稳，传动效率高

2. 传动比大且准确的传动是（　　）传动。

　A. 链　　B. 齿轮　　C. 蜗杆

3. 和齿轮传动相比，蜗杆传动中齿面间的相对滑移速度（　　）。

　A. 较大　　B. 较小　　C. 相同

4. 在圆柱蜗杆传动中，（　　）蜗杆传动应用较广泛。

　A. 阿基米德　　B. 渐开线　　C. 法向直廓

5. 在动力传动中，蜗杆传动的传动比一般为（　　）。

　A. 5~30　　B. 30~80　　C. 5~80

6. 在蜗轮齿数不变的情况下，蜗杆头数（　　）则传动比大。

　A. 多　　B. 少　　C. 不变

四、简答题

1. 简述蜗杆传动的主要应用特点。

2. 判断并画出下图所示蜗杆传动中蜗轮、蜗杆的旋转方向或蜗杆的旋向。

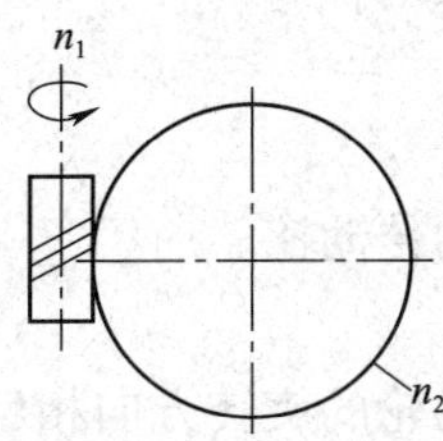

a）判断蜗轮的回转方向

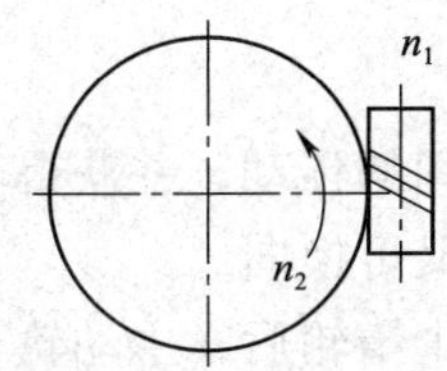

b）判断蜗杆的回转方向

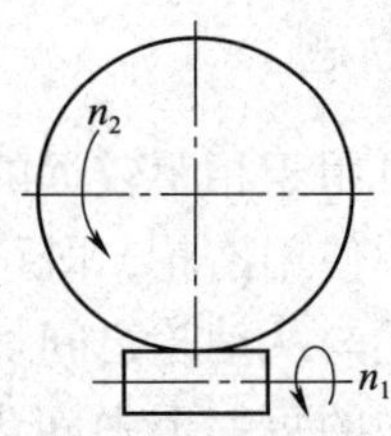

c）判断蜗杆的旋向

五、计算题

有一蜗杆传动，已知蜗杆头数 $z_1=2$，蜗杆转速 $n_1=980$ r/min。试回答下列问题：

（1）若蜗轮齿数 $z_2=70$，求蜗杆传动的传动比 i 和蜗轮的转速 n_2。

（2）如果要求蜗轮转速 $n_2=35$ r/min，则蜗轮的齿数 z_2 应为多少？

课题八　轮系

一、填空题

1. 由一系列相互啮合的齿轮组成的传动系统称为________，按其传动时各齿轮的几何轴线在空间的相对位置是否固定，可将其分为____________轮系和____________轮系两大类。

2. 定轴轮系的传动比是指轮系中______________的________之比，其大小等于轮系中__________________________与__________________________之比。

3. 轮系中的惰轮只改变从动轮的__________，而不改变主动轮与从动轮__________的大小。

4. 周转轮系分为____________轮系与____________轮系两种。

二、判断题

1. 轮系可用于相距较远的两轴间的传动，并获得较大的传动比。（　　）

2. 轮系中使用惰轮，既可变速又可换向。（　　）

3. 主动轮与从动轮之间加奇数个惰轮后，主动轮与从动轮的旋转方向相反。（　　）

4. 轮系中的每一个中间齿轮，既可以是前一级齿轮副的从动轮，又可以是后一级齿轮副的主动轮。（　　）

5. 当主动轴的转速不变时，使用滑移齿轮变换啮合位置，可以使从动轴获得不同的转速。（　　）

6. 采用轮系传动可以实现无级变速。（　　）

三、选择题

1. 下列关于轮系的说法，正确的是（　　）。

A. 不能实现较远轴间的传动

B. 可实现变速或变向

C. 能获得较小的传动比

2. 当两轴相距较远且要求传动比准确时，应采用（　　）传动。

A. 带　　B. 链　　C. 轮系

3. 定轴轮系传动比的大小与轮系中惰轮的齿数（　　）。

A. 有关

B. 无关

C. 成正比

4. 画箭头标示轮系旋转方向的正确画法是（　　）。

A. 同一轴上的两个齿轮画相反方向的箭头

B. 圆锥齿轮传动画相同方向的箭头

C. 圆柱齿轮传动画相反方向的箭头

5. 在轮系中，若末端为（　　）传动，则可将首轮的旋转运动转变为直线运动。

A. 螺旋　　B. 齿轮齿条　　C. 蜗杆

6. 定轴轮系传动可以改变从动轴转速，这是因为（　　）。

A. 增加了外啮合齿轮

B. 增加了内啮合齿轮

C. 采用了滑移齿轮

7. 下图所示的三星轮换向机构中，1 为主动轮，4 为从动轮，则在图示传动位置（　　）。

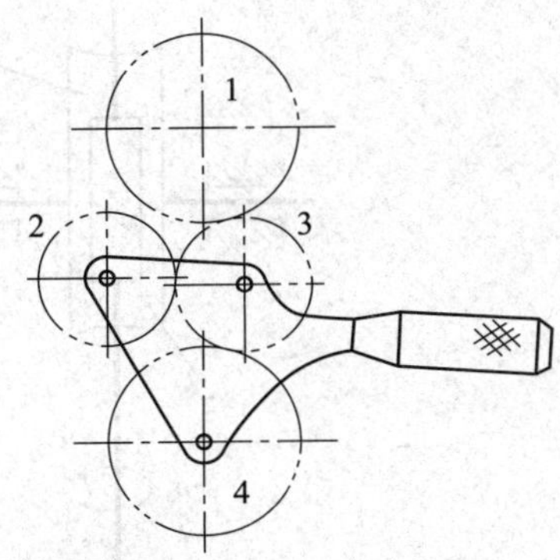

A. 有 1 个惰轮，主、从动轮旋转方向相同

B. 有 1 个惰轮，主、从动轮旋转方向相反

C. 有 2 个惰轮，主、从动轮旋转方向相同

四、计算题

1. 在下图所示的定轴轮系中，已知各齿轮齿数分别为 $z_1=24$，$z_2=28$，$z_3=20$，$z_4=60$，$z_5=20$，$z_6=20$，$z_7=28$。求轮系传动比 i_{17}，并判断齿轮 7 的旋转方向。

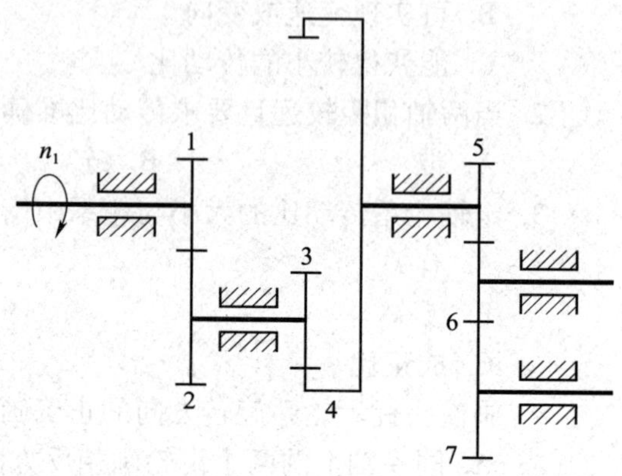

2. 在下图所示的定轴轮系中，已知蜗杆 1 的头数 $z_2=1$，蜗轮 2 的齿数 $z_2=42$，其他齿轮的齿数分别为 $z_3=20$，$z_4=60$，$z_5=30$，$z_6=40$，主轴转速 $n_1=960$ r/min，求末轮 6 的转速 n_6 并标出其旋转方向。

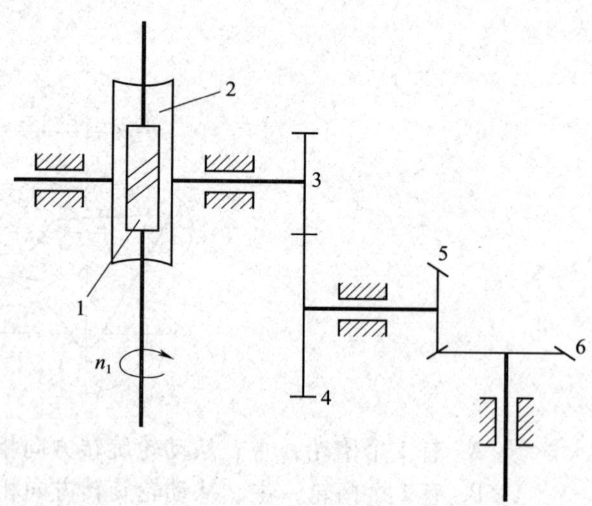

3. 已知下图所示定轴轮系中各齿轮的齿数、V 带轮的直径和发动机转速 $n = 1\ 440$ r/min，求：

（1）图示位置时，总传动比 i 是多少？

（2）主轴有几种转速？

（3）图示位置时，主轴的转速是多少？

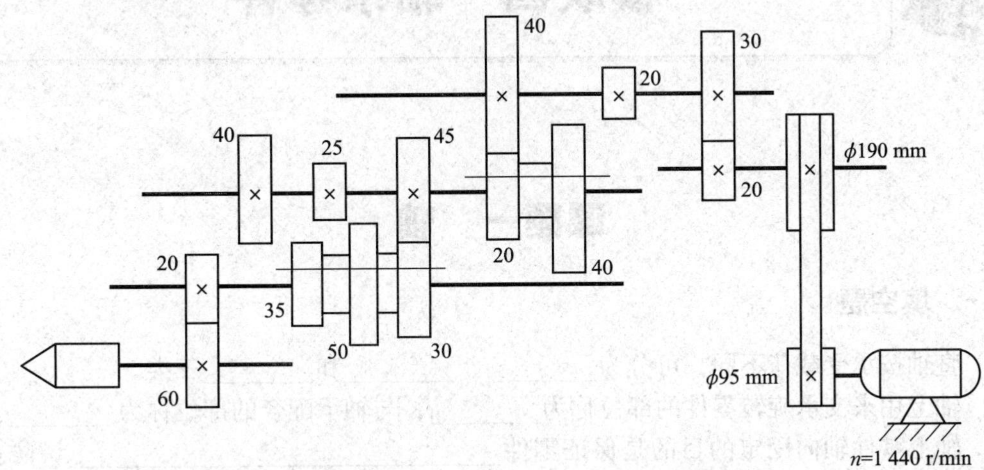

模块四　轴系零件

课题一　轴

一、填空题

1. 直轴按承受载荷不同，可分为________、________和________三类。
2. 轴上用来支承旋转零件的部位称为________，与轴承配合的部位称为________。
3. 轴上零件轴向固定的目的是保证零件________________________________，防止其____________。
4. 轴上零件周向固定的目的是______________，防止零件与轴产生____________。

二、判断题

1. 转轴用于传递动力，只承受转矩而不承受弯矩或承受弯矩很小。（　　）
2. 心轴用来支承旋转零件，只承受弯矩而不传递动力。（　　）
3. 用弹性挡圈实现轴上零件的轴向固定时，只能承受很小的轴向力。（　　）
4. 利用过盈配合可实现轴上零件的周向固定，不能实现轴向固定。（　　）
5. 轴肩的主要作用是实现轴上零件的轴向固定。（　　）
6. 台阶轴的直径一般是中间大，两端小。（　　）
7. 在轴上某段切削螺纹时，应留有越程槽。（　　）

三、选择题

1. 既支承旋转零件又传递动力的轴称为（　　）。

   A. 心轴　　B. 传动轴　　C. 转轴

2. 自行车的前、后轴是（　　）。

   A. 固定心轴　　B. 转动心轴　　C. 传动轴

3. 下列关于轴环的说法，正确的是（　　）。

   A. 可作为轴加工时的定位面

   B. 用于轴上零件的周向定位

   C. 用于轴上零件的轴向定位

4. 结构简单、定位可靠、能承受较大轴向力的轴向定位方法是（　　）。

A. 弹性挡圈定位　　B. 轴肩或轴环定位　　C. 圆螺母定位

5. 能实现轴上零件的周向固定，且加工容易，易拆装但不能承受轴向力的定位方法是（　　）。

A. 键连接　　B. 销连接　　C. 紧定螺钉连接

6. 车床的主轴是（　　）。

A. 传动轴　　B. 心轴　　C. 转轴

四、简答题

1. 轴上零件轴向固定和周向固定的常用方法有哪些？

2. 在制造和使用轴时，关于轴的结构应考虑哪些问题？常见轴的结构工艺特点有哪些？

课题二　轴承

一、填空题

1. 按轴承与轴工作表面摩擦性质的不同，轴承可分为＿＿＿＿＿＿和＿＿＿＿＿＿两大类。

2. 滑动轴承按照承受载荷的方向不同分为＿＿＿＿＿滑动轴承和＿＿＿＿＿滑动轴承。

3. 滚动轴承主要由＿＿＿＿＿＿、＿＿＿＿＿＿＿、＿＿＿＿＿＿和＿＿＿＿＿组成。

4. 按照承受载荷不同，滚动轴承可分为＿＿＿＿＿＿＿＿＿和＿＿＿＿＿＿＿＿两类。

5. 轴承的基本代号表示轴承的＿＿＿＿＿＿、＿＿＿＿＿和＿＿＿＿，由轴承的＿＿＿＿＿代号、＿＿＿＿＿代号和＿＿＿＿＿代号组成。

6. 选用滚动轴承时，当载荷小而且平稳时宜选用＿＿＿＿＿轴承，载荷大且有冲击时宜选用＿＿＿＿＿轴承；转速高、旋转精度要求高时宜选用＿＿＿＿＿轴承，转速低时一般选用＿＿＿＿＿轴承。

7. 一般情况下，滚动轴承的内圈装在＿＿＿＿＿＿上，与轴一起转动；外圈一般固定在＿＿＿＿＿＿＿＿＿内。

8. 基本代号为6318的滚动轴承，其内径为＿＿＿＿＿。

二、判断题

1. 整体式滑动轴承常用于低速、轻载及间歇工作场合。（　）
2. 使用整体式滑动轴承时，当轴承磨损后可调整径向间隙。（　）
3. 推力滚动轴承仅能承受轴向载荷。（　）
4. 只要能满足使用的基本要求，应尽可能选用普通结构的球轴承。（　）
5. 滚动轴承基本代号右起第一、二位数字表示轴承内径代号。（　）
6. 结构尺寸相同时，滚子轴承比球轴承承载能力强。（　）
7. 当轴的支点跨度较大或两轴承孔的同轴度误差较大时，应选择调心轴承。（　）
8. 在无轴向力作用的情况下，无须对轴承进行轴向固定。（　）
9. 推力滑动轴承只能承受径向载荷。（　）

三、选择题

1. 整体式滑动轴承的特点是（　）。

　A. 结构简单、制造成本低

B. 拆装方便

C. 磨损后可调整径向间隙

2. 剖分式滑动轴承的特点是（　　）。

A. 用于低速、轻载及间歇工作场合

B. 装拆时只能沿轴向移动轴和轴承

C. 轴承磨损后可调整间隙

3. 基本代号为 23216 的调心滚动轴承的内径为（　　）mm。

A. 16　　B. 160　　C. 80

4. 基本代号为 3108、3208、3308 的滚动轴承的（　　）不同。

A. 外径　　B. 内径　　C. 类型

5. 圆锥滚子轴承的（　　）与内圈可以分离，故其便于安装与拆卸。

A. 滚动体　　B. 外圈　　C. 保持架

6. 载荷小且平稳、仅受径向载荷、转速高时，应选用（　　）。

A. 深沟球轴承　　B. 角接触球轴承　　C. 圆柱滚子轴承

7. 同时承受径向和轴向载荷，且轴向载荷比径向载荷大很多时，应选用（　　）。

A. 推力调心滚子轴承

B. 角接触球轴承

C. 圆柱滚子轴承

四、简答题

1. 解释下列滚动轴承基本代号的含义。

（1）51213

（2）N2308

（3）6202

（4）30206

2. 简述选用滚动轴承时应考虑的因素。

课题三　键、销及其连接

一、填空题

1. 常用键连接的类型有________连接、________连接、________连接、__________连接和__________连接等。

2. 普通平键连接靠键的________传递转矩，____________好，易____________，无__________固定。

3. 半圆键的__________为工作面，一般用于载荷________的连接或________形轴与轮毂的连接。

4. 选用平键时，根据轴的__________从标准中选取键的__________________，键的长度 L 一般________________轮毂的长度并符合键的长度标准系列。

5. 单圆头普通平键 $b\times h\times L=20$ mm×12 mm×56 mm 的标记为____________________；GB/T 1096　键 B16×10×100 表示键宽为________，键高为________，键长为________的__________普通平键。

6. 销有____________和____________两种基本类型。销连接可以用来________、________________，还可以用作____________中的被切断零件。

二、判断题

1. 平键、半圆键均以键的两侧面实现周向固定和转矩传递。（　　）

2. 半圆键可在键槽内摆动，以适应轮毂和轴之间的变化，故一般情况下应优先选用半圆键。（　　）

3. 楔键连接能使轴上零件轴向固定，且能使零件承受双向的轴向力，但定心精度不高。（　　）

4. 花键主要用于定心精度要求高、载荷大或有经常滑移的连接。（　　）

5. 销连接用来固定零件之间的相对位置，由于销的尺寸较小，不可以用来传递转矩。（　　）

6. 圆锥销比圆柱销定位精度高。（　　）

三、选择题

1. 普通平键连接的主要用途是使轴与轮毂之间（　　）。
   A. 沿轴向固定并传递转矩
   B. 沿轴向可做相对滑动并具有导向作用
   C. 沿周向固定并传递转矩

2. 键的剖面尺寸通常是根据（　　）选择的。
   A. 传递转矩的大小　B. 传递功率的大小　C. 轴的直径

3. 键的长度主要是依据（　　）选择的。
   A. 传递转矩的大小　B. 轮毂的长度　C. 轴的直径

4. 能构成紧键连接的两种键是（　　）。
   A. 半圆键和切向键　B. 平键和切向键　C. 楔键和切向键

5. 对轴削弱最大的键是（　　）。
   A. 平键　B. 半圆键　C. 楔键

6. 可以承受不大的单方向轴向力，上、下两面是工作面的连接是（　　）连接。
   A. 普通平键　B. 楔键　C. 半圆键

7. （　　）普通平键多用在轴的端部。
   A. 圆头　B. 方头　C. 半圆头

四、简答题

1. 普通平键的尺寸是如何选取的？

2. 已知A型平键的 $b \times h \times L = 20\ \text{mm} \times 12\ \text{mm} \times 63\ \text{mm}$，B型平键的 $b \times h \times L = 22\ \text{mm} \times 14\ \text{mm} \times 100\ \text{mm}$，试分别写出它们的正确标记和含义。

3. 平键连接有哪几种类型？各有什么特点？

课题四　联轴器

一、填空题

1. 联轴器的作用是连接________，使它们一起________并传递________________。

2. 按照有无弹性元件，能否缓冲、吸振来分，联轴器可分为___________联轴器、____________________联轴器和____________联轴器。

3. 套筒联轴器常用于两轴__________、载荷______________________，并要求联轴器径向尺寸________的场合。

4. 常用的无弹性元件挠性联轴器有__________联轴器和________联轴器。

二、判断题

1. 弹性联轴器与刚性联轴器一样都能补偿两轴的相对位移。 （ ）
2. 弹性套柱销联轴器常用于高速、启动频繁、旋转方向需要经常改变的场合。 （ ）
3. 联轴器都具有安全保护作用。 （ ）
4. 齿式联轴器利用内、外轮齿的啮合传递转矩。 （ ）
5. 无弹性元件挠性联轴器不允许相连两轴间存在一定的相对位移。 （ ）
6. 弹性联轴器可以补偿位移，还可以缓冲和吸振，但容易损坏。 （ ）

三、选择题

1. （ ）联轴器具有良好的位移补偿能力。

A. 凸缘　　B. 套筒　　C. 齿式

2. （ ）联轴器多用于双向运转、启动频繁、转速较高、转矩不大的场合。

A. 齿式　　B. 弹性套柱销　　C. 凸缘

3. （ ）联轴器适用于两轴能严格对中、载荷不大且较为平稳的场合。

A. 齿式　　B. 十字滑块　　C. 套筒

4. 低速运转、轴的刚度较高、无剧烈冲击、两轴有较大位移的场合适合采用（ ）联轴器。

A. 凸缘　　B. 十字滑块　　C. 套筒

5. 在两轴不能严格对中的场合应采用（ ）联轴器。

A. 凸缘　　B. 套筒　　C. 齿式

四、简答题

1. 简述刚性联轴器的类型和应用特点。

2. 简述无弹性元件挠性联轴器的类型和应用特点。

3. 简述弹性联轴器的类型和应用特点。

课题五　离合器

一、填空题

1. 离合器在工作时需随时分离和接合，不可避免地会受到摩擦、冲击、磨损等，因而要求其接合__________、分离__________、操纵__________，且结构__________，散热好，耐磨损，使用寿命长。

2. 常用离合器的类型主要有________离合器、________离合器和________离合器。

二、判断题

1. 联轴器和离合器都是用来连接两轴且传递转矩的。（　　）
2. 离合器和联轴器一样，只有在停止转动时才能分离或接合。（　　）
3. 自行车后飞轮采用了超越离合器，因此，可以蹬车、滑行乃至回链。（　　）
4. 牙嵌式离合器在高速转动时就可以进行接合。（　　）
5. 摩擦式离合器结构简单，散热性好，传递的转矩较大。（　　）

三、选择题

1. 联轴器和离合器的主要作用是（　　）。

A. 连接两轴，使其一同旋转并传递转矩

B. 补偿两轴的综合位移

C. 防止机器发生过载

2. 适用于低速或停机时接合的是（　　）离合器。

A. 牙嵌式　　　B. 摩擦式　　　C. 超越

3. 下图所示为（　　）离合器。

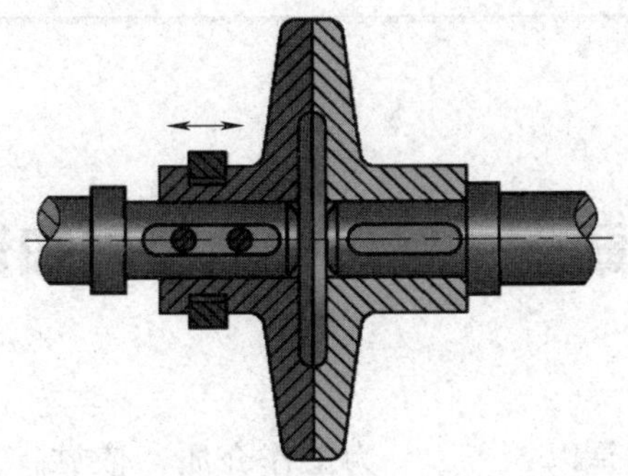

A. 摩擦式　　　B. 牙嵌式　　　C. 超越

四、简答题

1. 常用离合器有哪些类型？各应用于什么场合？

2. 简述联轴器和离合器的主要区别。

模块五　液压传动

课题一　液压传动基础知识

一、填空题

1. 液压传动的工作原理是以________为工作介质，依靠__________的变化传递运动，依靠油液内部的__________传递动力。

2. 液压传动系统主要由__________、__________、__________和________组成。

3. 液压传动是利用________作为工作介质进行能量传递的，这一特点与__________有着本质的区别。

4. 液压控制部分主要用来控制和调节油液的__________、__________和__________。

5. 液压辅助部分起________、________、________和__________等作用。

6. 液压泵将原动机输出的______________转换为油液的____________。

二、判断题

1. 液压传动装置本质上是一种能量转换装置。（　　）

2. 液压传动的特点是承载能力大、可实现大范围内无级变速、可获得恒定的传动比。（　　）

3. 液压传动是以油液为工作介质，以密封容积的变化传递运动的。（　　）

4. 用图形符号表示的液压传动系统工作原理，具有图形简单和绘制方便的特点。（　　）

5. 液压传动比较平稳，易于实现快速启动、制动和频繁换向。（　　）

6. 液压传动不易获得较低的运动速度。（　　）

7. 液压元件的图形符号能表示各元件的结构特点。（　　）

8. 液压传动不能用于传动比要求较高的场合。（　　）

9. 液压元件已实现标准化、系列化和通用化，故维修方便。（　　）

三、选择题

1. 下列元件中属于控制元件的是（　　）。

A. 液压阀　　　　　　B. 液压泵　　　　　　C. 液压缸

2. 液压传动系统中的液压泵属于（　　）部分。

A. 动力　　　　　　B. 执行　　　　　　C. 控制

3. 液压传动系统中的液压缸属于（　　）部分。

A. 动力　　　　　　B. 执行　　　　　　C. 控制

4. 影响液压油液黏度变化的主要因素是（　　）。

A. 温度变化　　　　　　B. 压力变化　　　　　　C. 速度变化

5. 液压传动的特点是（　　）。

A. 传动平稳　　　　　　B. 承载能力小　　　　　　C. 故障易排除

四、简答题

1. 液压传动系统由哪几部分组成？各部分的作用分别是什么？

2. 简述液压传动的优点。

课题二　液压动力元件

一、填空题

1. 液压泵的功用是将原动机输出的__________转换为工作液体的__________，它是一种能量转换装置。

2. 容积式液压泵是依靠泵的__________的变化来实现吸油和压油的。

3. 液压泵按其额定压力的高低，可分为__________、__________和__________三类。

4. 液压泵按其输出的流量能否调节，可分为__________和__________两类。

5. 叶片泵按其结构形式不同，可分为__________叶片泵和__________叶片泵两类。

6. 外啮合齿轮泵由__________、__________和__________组成密封容积，由啮合的轮齿把密封容积分成__________腔和__________腔两部分。

二、判断题

1. 单作用式叶片泵可用作双向变量泵。（　　）

2. 如果系统是单执行元件，接近恒速运行，可选用定量泵。（　　）

3. 双作用式叶片泵的转子每转一周，每个密封容积完成两次吸油和压油。（　　）

4. 双作用式叶片泵可以作为变量泵，用于中、低压场合。（　　）

5. 齿轮泵工作时，轮齿进入啮合的一侧是压油腔。（　　）

三、选择题

1. 单向变量泵的图形符号是（　　）。

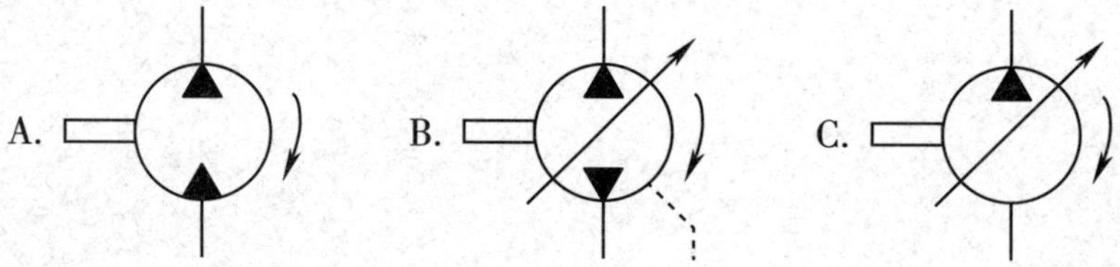

A.　　　B.　　　C.

2. 外啮合齿轮泵的特点是（　　）。

A. 可用于变量泵

B. 价格低廉，维护方便

C. 多用于中、低压系统

3. 能成为双向变量泵的是（　　）。

A. 双作用式叶片泵　　B. 齿轮泵　　C. 轴向柱塞泵

4. 下列液压泵中（　　）主要用于高压系统。

A. 齿轮泵　　B. 叶片泵　　C. 柱塞泵

5. 齿轮泵一般用于（　　）系统。

A. 低压　　　　B. 中压　　　　C. 中、低压

6. 右图所示为（　　）的图形符号。

A. 单向定量泵

B. 双向定量泵

C. 双向变量泵

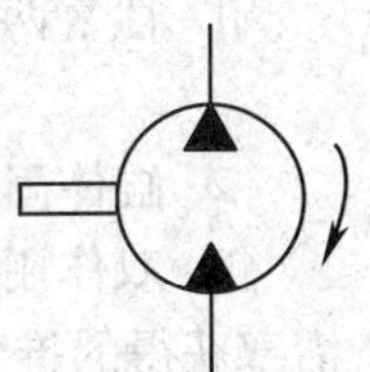

四、简答题

如何区分单作用式叶片泵和双作用式叶片泵？其特点分别是什么？

课题三　液压执行元件

一、填空题

1. 液压缸（或液压马达）是将液压油液的__________转换成往复直线运动的__________。

2. 液压缸按结构形式不同，可分为________液压缸、________液压缸和________液压缸等。

3. 常用的活塞式液压缸有__________液压缸和__________液压缸两类。

4. 双作用单杆液压缸有__________固定和__________固定两种安装方式。

5. 为了实现双向运动，柱塞式液压缸常__________使用。

二、判断题

1. 往复两个方向的运动均通过液压油液作用实现的液压缸称为单作用式液压缸。（ ）

2. 缸体固定式和活塞杆固定式的双作用双杆液压缸都具有占地面积大的特点。（ ）

3. 双作用单杆液压缸的活塞在两个方向上获得的推力不相等。工作台做慢速运动时，活塞获得的推力大；工作台做快速运动时，活塞获得的推力小。（ ）

4. 双作用单杆液压缸活塞两端的有效作用面积相同。（ ）

5. 液压传动系统中，液压缸属于执行元件，液压泵属于动力元件。（ ）

三、选择题

1. 下列关于单杆液压缸的说法，正确的是（ ）。
   A. 可获得双向相同的牵引力
   B. 可获得工进及快退的工作循环
   C. 可获得一致的往复运动速度

2. 下列关于双杆液压缸的说法，正确的是（ ）。
   A. 可获得双向相同的牵引力
   B. 可获得工进及快退的工作循环
   C. 可获得不一致的往复运动速度

3. 下列关于柱塞式液压缸的说法，正确的是（ ）。
   A. 由压力油获得双向的牵引力
   B. 缸筒内壁需要精加工
   C. 适用于工作行程较长的场合

4. 下图所示为（ ）液压缸的图形符号。

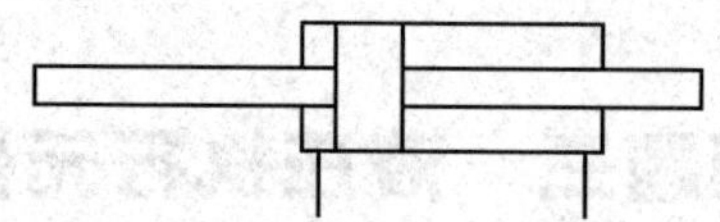

   A. 单作用单杆
   B. 伸缩
   C. 双作用双杆

5. 可做差动连接的是（ ）液压缸。
   A. 双作用单杆
   B. 单作用单杆
   C. 双作用双杆

四、绘图题

绘制单作用单杆液压缸、双作用单杆液压缸和双作用双杆液压缸的图形符号，绘图尺寸参照 GB/T 786. 1—2021。

五、简答题

1. 简述双作用单杆液压缸的工作特点。

2. 简述双作用双杆液压缸的工作特点。

课题四　液压控制元件——方向控制阀

一、填空题

1. 根据用途和工作特点不同，液压控制阀分为＿＿＿＿＿＿、＿＿＿＿＿＿和＿＿＿＿＿＿三大类。

2. 方向控制阀按照用途不同，分为＿＿＿＿和＿＿＿＿两类。

3. 液压传动系统中常用的单向阀有＿＿＿＿＿和＿＿＿＿＿两种。

4. 换向阀是利用＿＿＿＿在＿＿＿＿内做相对运动，使油路＿＿＿＿＿＿，从而改变油液＿＿＿＿＿的控制阀。

5. 换向阀的控制方式有＿＿＿＿＿、＿＿＿＿＿、＿＿＿＿＿、＿＿＿＿＿和电液控制等类型。

6. 下面各图形符号表示的控制阀名称分别为

A B

P T

＿＿＿＿＿阀　　＿＿＿＿＿阀　　＿＿＿＿＿阀

二、判断题

1. 液压控制阀是只利用压力能做功的液压元件。（　　）
2. 液控单向阀可允许液压油液反向流动。（　　）
3. 单向阀只允许液压油液沿一个方向流动，不允许反向流动。（　　）
4. 单向阀应用在不同支路中，不能阻止各个支路之间的干扰。（　　）
5. 三位换向阀的中位机能可满足三种功能要求。（　　）
6. 方向控制阀用于控制执行元件的启动、停止或改变运动方向。（　　）

三、选择题

1. 换向阀中，与液压传动系统油路相连通的油口数称为（　　）。

A. 通　　B. 位　　C. 路

2. 要实现汽车起重机底盘前后支腿停止运动并保证双向锁紧的控制，应采用（　　）。

A. 一个液控单向阀

B. 两个液控单向阀组成的双向液压锁

C. 一个单向阀

3.（　　）换向阀控制灵活、方便，与电气装置配合易于实现液压传动系统的自动工作循环。

A. 手动　　B. 机动　　C. 电磁

4. 右图所示为（　　）换向阀的图形符号。

A B

P

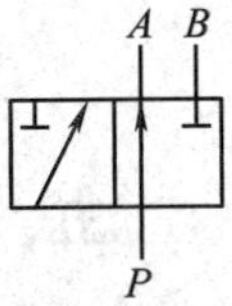

A. 二位二通

B. 二位三通

C. 三位四通

5. 右图所示为（　　）换向阀的图形符号。

A B

P T

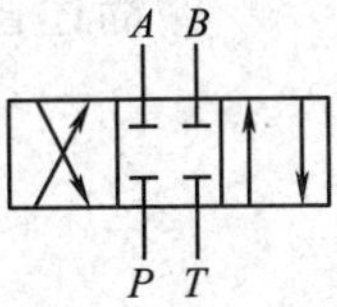

A. 二位四通

B. 三位三通

C. 三位四通

6. 当三位四通电磁换向阀的电磁铁断电时，阀芯处于（　　）位置。

A. 左端　　B. 右端　　C. 中间

7. 右图所示三位四通换向阀为（　　）。

A B

P T

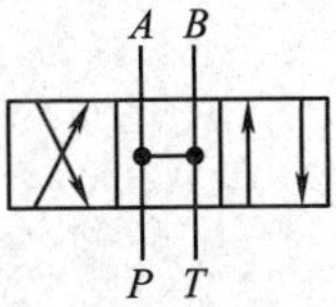

A. O 型

B. H 型

C. M 型

8. 右图所示三位四通换向阀为（　　）。

A B

P T

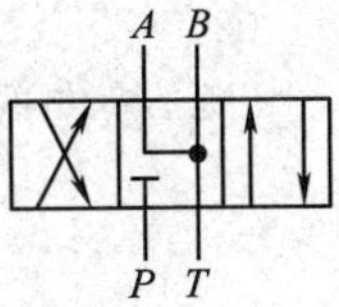

A. P 型

B. Y 型

C. K 型

9. 右图所示控制方式的图形符号为（　　）。

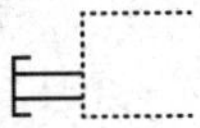

A. 手柄控制式

B. 推拉控制式

C. 推压控制式

10. 右图所示控制方式的图形符号为（　　）。

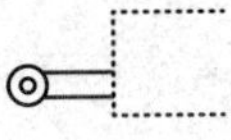

A. 旋钮控制式

B. 滚轮控制式

C. 滚轮杠杆控制式

四、绘图题

绘制单向阀、O 型三位四通换向阀和液控单向阀的图形符号，绘图尺寸参照 GB/T 786.1—2021。

五、简答题

1. 简述普通单向阀的应用。

2. 换向阀在液压传动系统中起什么作用？什么是换向阀的“位”与“通”？

六、综合题

在下图所示的液压泵和液压缸之间加一个适当的三位四通换向阀，以满足下列要求。

（1）图 a 要求活塞能左、右移动，必要时能使活塞在任意位置上停止，并防止其窜动，此时要使液压泵卸荷。

（2）图 b 要求活塞能左、右移动，必要时能使活塞处于浮动状态，液压泵处于卸荷状态。

（3）图 c 要求活塞能左、右移动，必要时能使活塞在任意位置上停止，此时系统仍保持压力。

（4）图 d 要求活塞能左、右移动，必要时能组成差动回路。

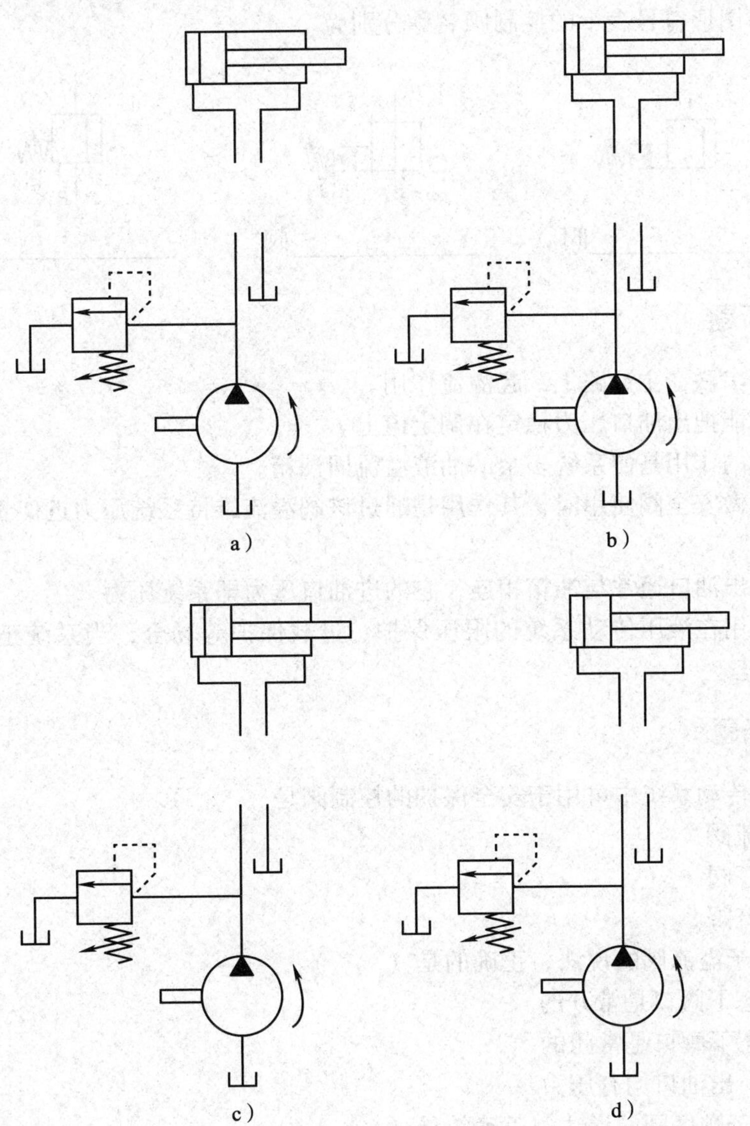

课题五　液压控制元件——压力控制阀

一、填空题

1. 用来控制液压传动系统压力大小或利用压力大小控制油路通断的液压控制阀，称为____________。常用的有__________、__________、__________等。

2. 溢流阀在液压传动系统中起____________作用，用以保持系统的________稳定。

3. 顺序阀是控制液压传动系统中各执行元件动作____________的压力控制阀。

4. 下面各图形符号表示的控制阀名称分别为

T　P　　A　P　　A　P

______________阀　______________阀　______________阀

二、判断题

1. 顺序阀串联在主油路上，起溢流作用。（　　）
2. 减压阀能把出油口压力稳定在调定值上。（　　）
3. 溢流阀的作用是使系统多余的油液溢流回油箱。（　　）
4. 溢流阀做安全阀使用时，其作用是通过该阀溢流维持系统压力近似于恒定。（　　）
5. 溢流阀出油口通常与油箱相连，它的进油口压力即系统压力。（　　）
6. 溢流阀用在液压传动系统的限压保护、过载保护等场合，当系统正常工作时，该阀处于常闭状态。（　　）

三、选择题

1. 在液压传动系统中可用于安全保护的控制阀是（　　）。

   A. 节流阀

   B. 顺序阀

   C. 溢流阀

2. 下列关于溢流阀的说法，正确的是（　　）。

   A. 常态下阀口是常开的

   B. 常态下阀口是常闭的

   C. 进、出油口均有压力

3. 下列关于顺序阀的说法，正确的是（　　）。

A. 常态下阀口是常开的

B. 出油口与油箱相连

C. 进、出油口相通

4. 下列关于减压阀的说法，正确的是（　　）。

A. 常态下阀口是常开的

B. 进、出油口均有相等的压力

C. 阀口始终不会关闭

5. 在液压传动系统中，（　　）的出油口与工作回路相连。

A. 溢流阀

B. 顺序阀

C. 减压阀

6. 减压阀属于（　　）控制阀。

A. 方向

B. 压力

C. 流量

四、绘图题

绘制直动式溢流阀、先导式溢流阀、先导式减压阀和直动式顺序阀的图形符号，绘图尺寸参照 GB/T 786. 1—2021。

五、简答题

压力控制阀的铭牌不清楚时，在不允许拆卸压力控制阀的情况下，应如何判断哪个是溢流阀、减压阀或顺序阀？

课题六　液压控制元件——流量控制阀

一、填空题

1. ________是用来调节液压传动系统中流量大小的控制元件。

2. 常用的流量控制阀有________和________。

3. 常用的节流口形式有________、________、________和圆周缝隙式。

4. 调速阀是由________和________串联而成的组合阀。

5. 下图所示液压传动系统中各图形符号的名称分别为

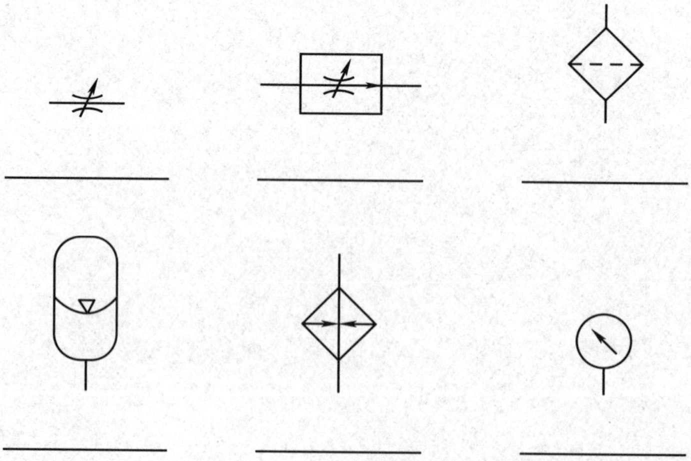

________　________　________

________　________　________

二、判断题

1. 节流阀是应用最普遍、结构最简单的流量控制阀。 （ ）
2. 使用节流阀进行调速时，执行元件的运动速度不受负载变化的影响。 （ ）
3. 流量控制阀的作用是使系统多余的油液溢流回油箱。 （ ）
4. 流量控制阀都是利用液压油液的压力和弹簧力相平衡的原理进行工作的。 （ ）
5. 调速阀能用于对速度稳定性要求较高的场合。 （ ）

三、选择题

1. 下图所示节流阀的节流口形式是（ ）。

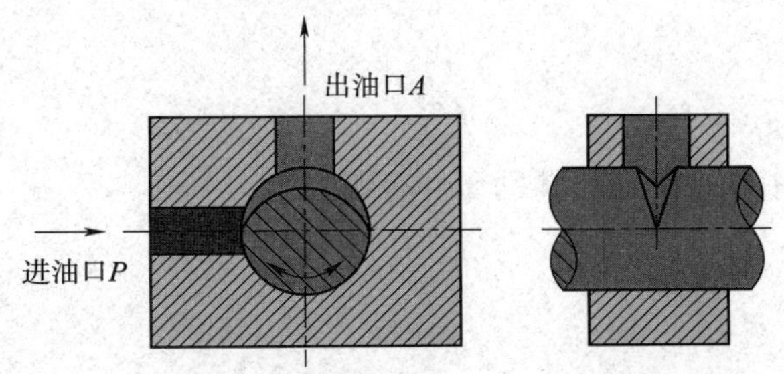

A. 圆周缝隙式　　B. 锥形式　　C. 偏心式

2. 调速阀的图形符号是（ ）。

A.　　B.　　C.

3. 冷却器的图形符号是（ ）。

A. 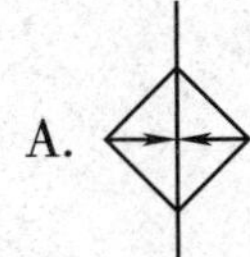　　B. 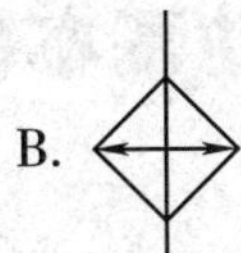　　C. 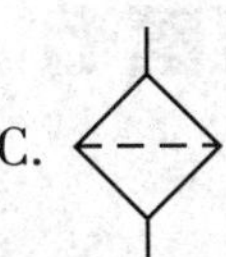

4. 节流阀是通过改变节流口的（ ）调节油液流量大小的。

A. 通流面积　　B. 形式　　C. 压力

5. 下列元件中属于液压传动系统辅助元件的是（ ）。

A. 节流阀
B. 蓄能器
C. 调速阀

6. 节流阀能适用于（ ）的液压传动系统，起节流调速作用。

A. 负载和温度变化较大或速度稳定性要求较高
B. 负载和温度变化不大或速度稳定性要求较高
C. 负载和温度变化不大或速度稳定性要求较低

四、简答题

1. 简述流量控制阀的工作原理。

2. 液压传动系统中常用的液压辅助元件有哪些?

课题七　液压传动基本回路

一、填空题

1. 液压传动基本回路是由一些____________组成并能完成某种____________的典型回路。

2. 常用的液压传动基本回路按其作用不同可分为____________、______________和______________三大类。

3. 方向控制回路能控制液压传动系统各油路中液流的________、________或________，从而使各执行元件相应地实现________、________或__________等动作。

4. 压力控制回路是利用______________调定系统或某一局部的压力，以满足液压执行元件对__________或__________的要求。

5. 速度控制回路是用来________和________液压执行元件的运动速度的。

6. 常用的节流调速回路有__________节流调速回路和________节流调速回路两种。

二、判断题

1. 凡液压传动系统中有减压阀的，则必定有减压回路。（　　）

2. 为使液压传动系统中局部油路或个别执行元件得到比主系统压力高得多的压力，采用增压回路比选用高压、大流量的液压泵要经济得多。（　　）

3. 速度控制回路的工作性能好坏对整个液压传动系统影响不大。（　　）

4. 锁紧回路和调压回路属于同一类控制回路。（　　）

5. 减压回路和卸荷回路属于同一类控制回路。（　　）

三、选择题

1. 锁紧回路和换向回路属于（　　），卸荷回路和减压回路属于（　　），速度换接回路和节流调速回路属于（　　）。

A. 速度控制回路　　B. 压力控制回路　　C. 方向控制回路

2. 单级或多级调压回路的核心控制元件是（　　）。

A. 溢流阀　　B. 减压阀　　C. 顺序阀

3. 采用三位四通换向阀构成的卸荷回路的特点是（　　）。

A. 结构复杂

B. 一般用于大流量场合

C. 使液压泵在接近零压状态下输出油液

4. 为了使执行元件能在任意位置上停留，并防止在停止工作时因受力而发生移动，可以采用（　　）。

A. 调压回路　　B. 增压回路　　C. 锁紧回路

5. 下面关于回油节流调速回路的说法，正确的是（　　）。

A. 调速特性与进油节流调速回路不同

B. 经节流阀而发热的油液不容易散热

C. 广泛用于功率不大、负载变化较大和运动平稳性要求较高的液压传动系统中

四、简答题

1. 常见的压力控制回路有哪些？其功用分别是什么？

2. 进油节流调速回路与回油节流调速回路分别应用在什么场合？

五、综合题

1. 根据下表中所列工作循环，填写下图所示液压传动系统回路的电磁铁动作表。

电磁铁动作表（用“+”表示通电，“-”表示断电）

动作	电磁铁通电情况			
	MB1	MB2	MB3	MB4
快进				
工进 1				
工进 2				
快退				
停止				

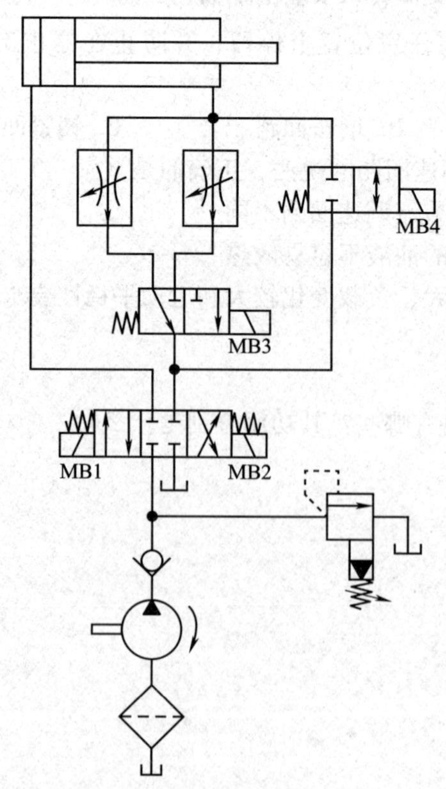

2. 用管路连接下图中的液压元件，组成能实现“快进→工进→快退→停止”工作循环的液压传动系统，并简述其工作过程。

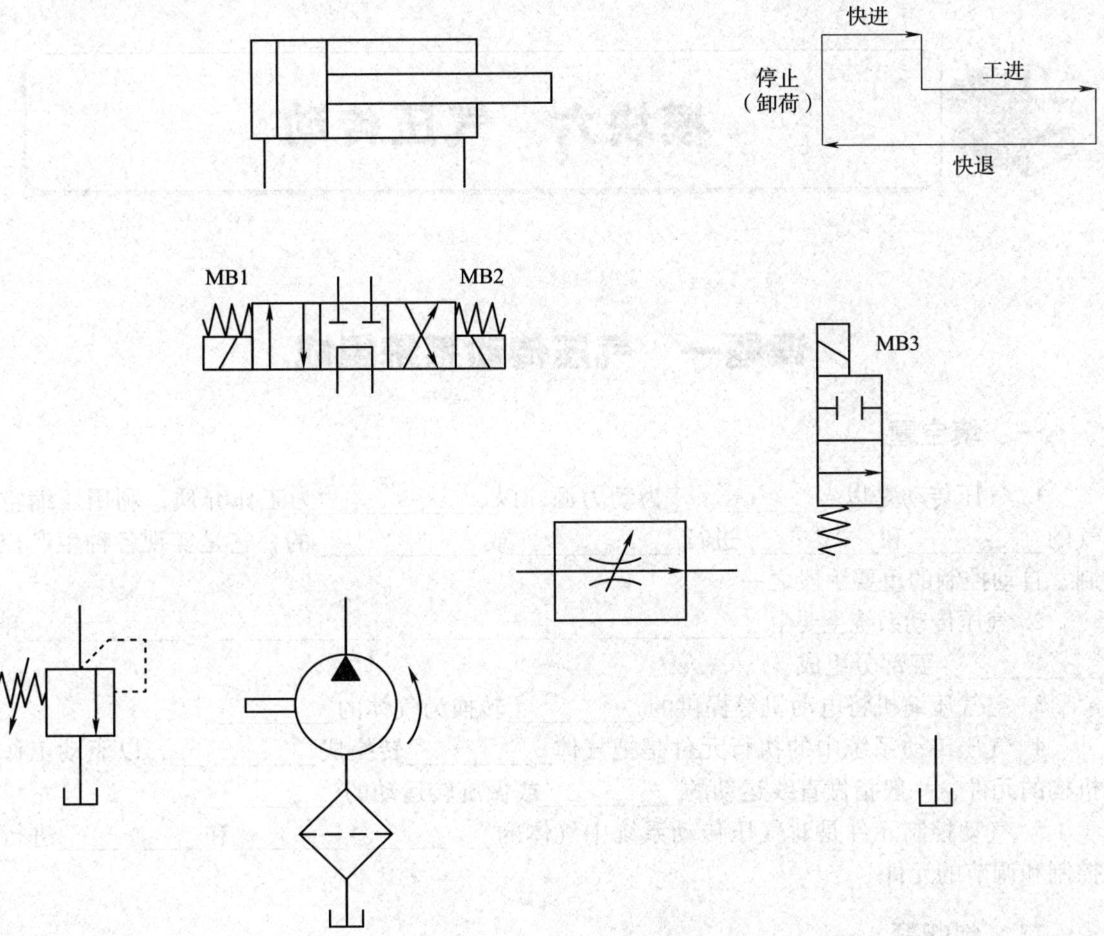

模块六　气压传动

课题一　气压传动系统组成

一、填空题

1. 气压传动是以__________为动力源，以__________为工作介质，利用压缩空气的________和________进行__________或__________的，它是实现各种生产控制、自动控制的重要手段之一。

2. 气压传动系统主要由__________、__________、__________、__________和__________五部分组成。

3. 空气压缩机将电动机等提供的_________转换为气体的_________。

4. 气压传动系统中的执行元件是把气体_________转换成_________，以驱动工作机构的元件，一般指做直线运动的_________或做旋转运动的_________。

5. 气动控制元件是对气压传动系统中气体的________、________和_________进行控制和调节的元件。

二、判断题

1. 气压传动装置本质上是一种能量转换装置。（　　）
2. 气压传动具有动作迅速、反应快、管路不易堵塞等优点。（　　）
3. 在机械设备中不采用气压传动。（　　）
4. 气压传动不污染环境。（　　）
5. 气压传动的维护比液压传动更复杂。（　　）
6. 气压传动一般噪声较小。（　　）
7. 气压传动有过载保护作用。（　　）

三、选择题

1. 下列元件中属于控制元件的是（　　）。

A. 压力控制阀　　B. 气缸　　C. 过滤器

2. 气压传动系统中，空气压缩机属于（　　）。

A. 气源装置　　B. 执行元件　　C. 控制元件

3. 气压传动系统中，油雾器属于（　　）。

A. 气源装置　　B. 辅助元件　　C. 控制元件

4. 气压传动的特点是（　　）。

A. 介质价格昂贵

B. 不能实现过载保护

C. 可应用于易燃、易爆场所

5. 气压传动系统的工作压力一般为（　　）MPa。

A. 0.3~1　　B. 1~2　　C. 2~3

6. 在气压传动中，空气流动损失小，因此（　　）远距离输送。

A. 不能　　B. 可以　　C. 只能

四、简答题

1. 气压传动系统由哪几部分组成？各部分的作用分别是什么？

2. 相比液压传动，气压传动的优点有哪些？

课题二　气源装置及辅助元件

一、填空题

1. 气源是________________的动力源。通常情况下，排气量≥6 m^3/min 时，应独立设置____________；排气量<6 m^3/min 时，则可将____________安装在系统旁直接为系统供气。

2. 空气压缩机是将__________转换成______________的转换装置，其作用是为气动设备提供动力。

3. 排水分离器的作用是分离并排出压缩空气中凝聚的________、________、________等，使压缩空气得到初步净化。

二、判断题

1. 后冷却器使水汽和变质油雾冷凝成水滴和油滴，以便清除。（　　）
2. 排水分离器只能分离并排出压缩空气中的水分。（　　）
3. 油雾器的作用是润滑。（　　）
4. 气管可以用塑料管、尼龙管、橡胶管等，不能用钢管、铜管等。（　　）
5. 气压传动系统中不需要设置润滑辅助元件。（　　）
6. 气动三联件中减压阀通常安装在油雾器之后。（　　）

三、选择题

1. 下列元件中属于气源装置的是（　　）。
   A. 空气过滤器
   B. 空气干燥器
   C. 空气压缩机
2. 下列元件中不属于气动辅助元件的是（　　）。
   A. 排水分离器　　B. 空气压缩机　　C. 储气罐
3. 图形符号　代表的是（　　）。
   A. 消声器　　B. 油雾器　　C. 储气罐
4. 图形符号　代表的是（　　）。
   A. 过滤器　　B. 气缸　　C. 消声器
5. 消声器应安装在气压装置的（　　）。
   A. 排气口　　B. 进气口　　C. 排气口和进气口

四、简答题

1. 气动辅助元件具有什么用途？

2. 常用的气动辅助元件有哪些？它们的作用分别是什么？

3. 气动三联件中各元件分别起什么作用？

课题三　气动执行元件

一、填空题

1. 气压传动中，气缸用于实现__________运动或摆动，气马达用于实现__________运动。

2. 气压传动中，气缸按功能不同可分为__________和__________两种。

3. 气压传动中，按压缩空气作用在活塞端面上的方向不同，气缸可分为__________和__________两种。

4. 气液阻尼缸按其组合方式不同可分为__________和__________两种。

5. 气马达是将压缩空气的__________能转换成__________能的装置。

二、判断题

1. 气压传动中应用最广泛的气缸是普通气缸，它是一种活塞式气缸。（　　）
2. 单作用单杆气缸只有一个方向的运动依靠压缩空气，活塞的复位靠外力。（　　）
3. 薄膜式气缸是利用压缩空气通过膜片推动活塞杆做旋转运动的。（　　）
4. 并联式气液阻尼缸比串联式气液阻尼缸的缸体长。（　　）
5. 气液阻尼缸需预设置一个油箱，以便工作时储油和补充油液。（　　）

三、选择题

1. 下列元件中属于执行元件的是（　　）。
   A. 后冷却器　　B. 快速排气阀　　C. 缓冲气缸
2. 下列元件中属于普通气缸的是（　　）。
   A. 单作用单杆气缸　　B. 缓冲气缸　　C. 回转气缸
3. 下列元件中属于特殊气缸的是（　　）。
   A. 双作用单杆气缸
   B. 单作用单杆气缸
   C. 气液阻尼缸
4. 双作用气缸的活塞往返依靠（　　）完成。
   A. 弹簧力
   B. 压缩空气
   C. 压缩空气和重力
5. 薄膜式气缸只适合用于（　　）的工作场合。
   A. 短行程　　B. 中等行程　　C. 长行程

四、简答题

1. 单作用气缸和双作用气缸的区别是什么？

2. 简述选择气缸时应主要考虑的要素。

课题四　气动控制元件

一、填空题

1. 气动控制元件用来控制和调节压缩空气的________、________和________，按其功能不同可分为____________、_____________和____________三类。

2. 方向控制阀是控制压缩空气的__________和__________的元件。

3. 快速排气阀通常安装在__________与________之间，用来加快排气，提高气缸的运动速度。

4. 流量控制阀是通过改变阀的______________实现流量控制的元件。流量控制阀包括______________、_____________和________________。

二、判断题

1. 气动换向阀的图形符号与液压换向阀基本相同。（　　）

2. 单向阀是指气流只能向一个方向流动而不能反向流动的阀。（　　）

3. 当气压传动系统中空气的压力超过规定的工作压力时，溢流阀能将空气自动排放到大气中，以保证气压传动系统安全工作。（　　）

4. 溢流阀、减压阀有直动式和先导式两种调节方式。（　　）

5. 排气节流阀在节流阀的基础上增加了消声装置。（　　）

6. 单向节流阀是由单向阀和节流阀串联组成的组合式控制阀。（　　）

三、选择题

1. 减压阀的图形符号是（　　）。

A. 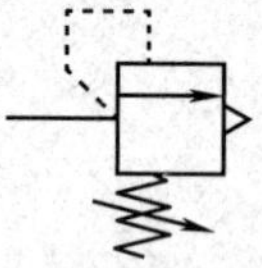　　　　B. 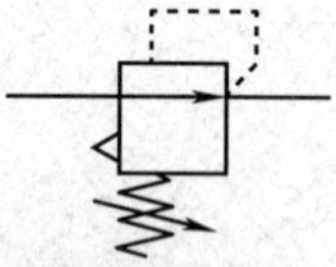　　　　C.

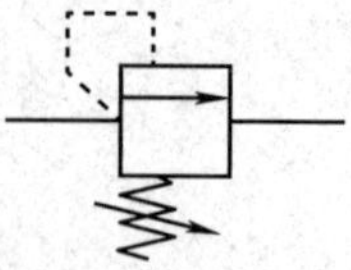

2. 下列控制元件中属于方向控制阀的是（　　）。

A. 快速排气阀　　B. 单向节流阀　　C. 溢流阀

3. 在气压传动系统中需要用（　　）进行减压和稳压。

A. 溢流阀　　B. 减压阀　　C. 节流阀

4. 下列控制元件中属于流量控制阀的是（　　）。

A. 溢流阀　　B. 快速排气阀　　C. 节流阀

5. 右图所示为（　　）的图形符号。

A. 节流阀　　B. 单向阀　　C. 单向节流阀

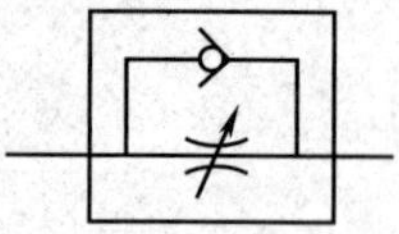

四、简答题

1. 换向阀、溢流阀和减压阀在气压传动系统中分别起什么作用？

2. 什么是快速排气阀？其用途是什么？画出其图形符号。

课题五　气压传动基本回路

一、填空题

1. 常用的气压传动基本回路包括____________________、____________________和____________________。

2. 方向控制回路是利用______________使执行元件改变运动方向的回路。

3. 压力控制回路的作用是使____________________保持在一定的范围内。常用的有______________回路、________________回路和__________________回路。

4. 速度控制回路主要是通过调节____________，实现控制执行元件运动速度的回路。

二、判断题

1. 一次压力控制回路用于控制储气罐内的压力。（　）
2. 一次压力控制回路中的控制元件只有外控式溢流阀。（　）
3. 速度控制回路中气缸的运动速度取决于节流阀的开度。（　）
4. 单向顺序阀控制的单往复动作回路中，单向顺序阀的调整压力要比气缸克服最大负载所需压力略低一些。（　）
5. 在气缸有效行程较长、速度较快、惯性较大的情况下，为避免活塞运动到终点时撞击缸盖，往往需要采用缓冲回路。（　）
6. 换向回路、缓冲回路都属于速度控制回路。（　）

三、选择题

1. 为了控制执行元件的启动、停止和换向，通过方向控制阀改变气缸的进气和出气，可以采用（　）。

A. 方向控制回路　B. 压力控制回路　C. 速度控制回路

2. 方向控制回路采用的主要气动元件是（　）。

A. 换向阀　B. 减压阀　C. 节流阀

3. 下列回路中属于方向控制回路的是（　）。

A. 卸荷回路　B. 单往复动作回路　C. 节流调速回路

4. 速度控制回路一般是通过调节（　）控制执行元件。

A. 压力　B. 功率　C. 流量

5. 下列回路中属于速度控制回路的是（　）。

A. 缓冲回路　B. 卸荷回路　C. 单往复动作回路

6. 单向调速回路采用的主要气动元件是（　）。

A. 顺序阀　B. 单向节流阀　C. 溢流阀

四、简答题

1. 单往复动作回路与连续往复动作回路有什么区别？连续往复动作回路若要停止工作应如何控制？

2. 下面图 a 所示为单作用气缸换向回路，图 b 在此回路的基础上串联一个二位二通阀有什么作用？

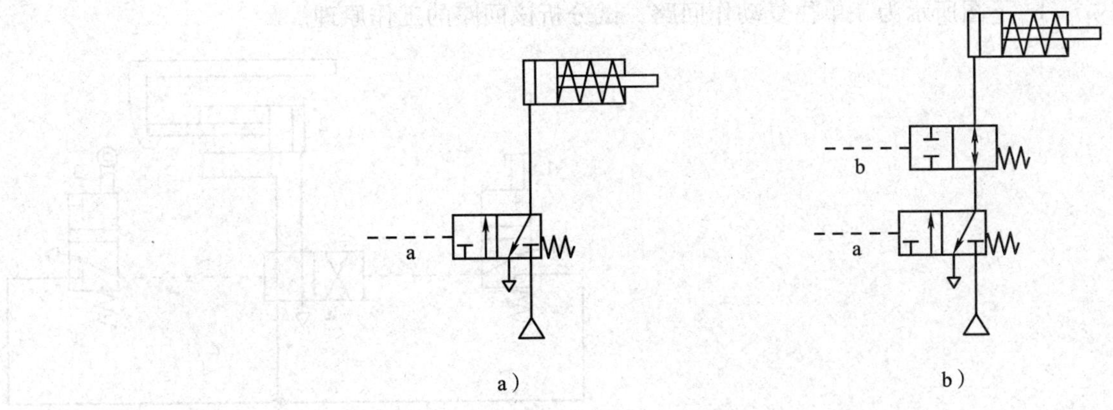

a） b）

3. 下图所示为高低压转换回路，试分析它是如何实现高低压转换的。

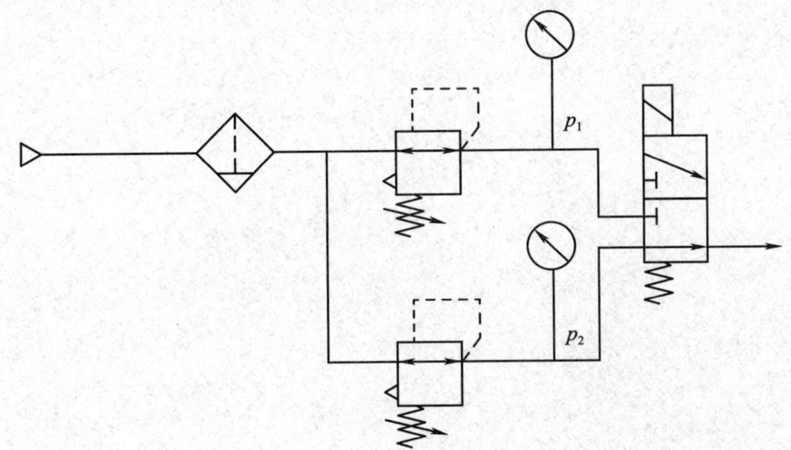

五、综合题

1. 下图所示为一单往复动作回路，试分析该回路的工作原理。

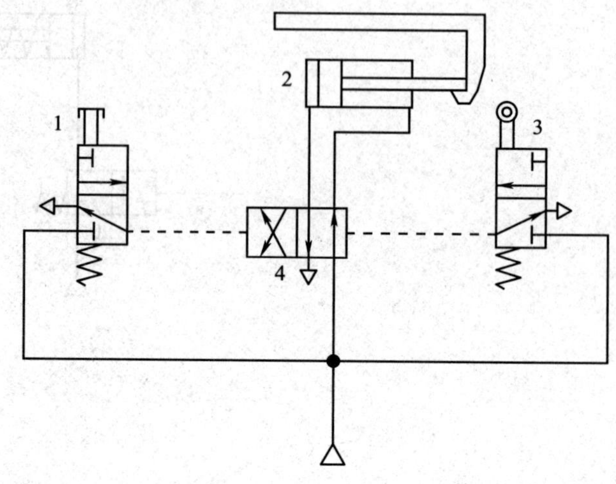

2. 分析下图所示气压传动回路的工作原理，说明其具体作用。

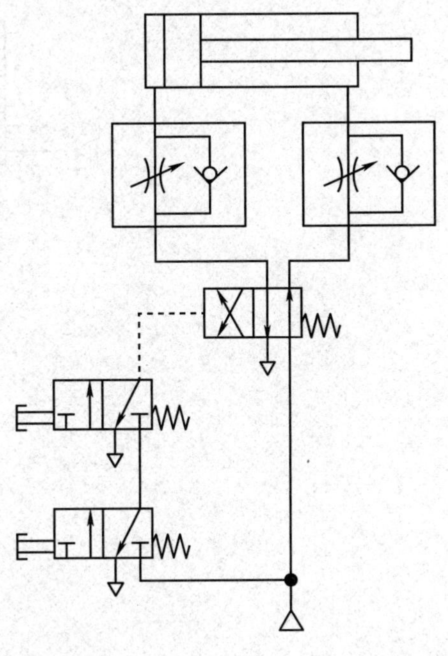

3. 下图所示为气动弯板机的气动回路，试分析该回路的工作原理。

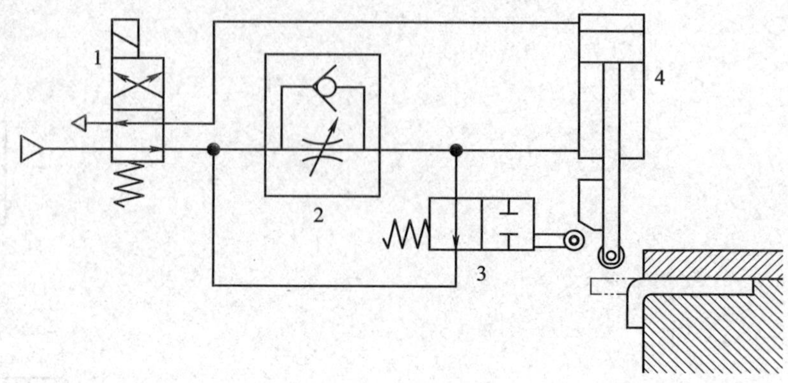